高等学校消防专业系列教材

消 防 燃 烧 学

主 编 和丽秋

副主编 李海江 赵 玲

参 编 唐朝纲 刘 彬 李志红 赵石楠

机 械 工 业 出 版 社

本书从燃烧学的基本概念入手，介绍了燃烧基础、着火与灭火理论，并系统地介绍了气体、液体和固体可燃物的燃烧过程、燃烧形式、燃烧速率及火灾预防；对木材、高聚物、聚氨酯保温装饰材料、原油等典型物质的燃烧进行了阐述；并结合我国近年火灾的形势和特点，将一些前沿知识融入本书。本书涉及的词条和规范均引自现行标准。

本书编者根据多年教学经验，在章节编排中体现了从基础到应用的教学思想以及注重能力提升的教学理念，同时章节内容兼顾了后续专业课程所需的基础知识点，在章节内容的难度上考虑了教学对象的学习基础和学习能力。

本书体系完整，难易适中，结构合理，适合消防专科院校教学和消防安全管理人员培训使用。

为方便教学，本书配有电子课件，凡使用本书作为授课教材的教师均可登录www.cmpedu.com下载使用，或拨打编辑电话010-88379373免费索取。

图书在版编目（CIP）数据

消防燃烧学/和丽秋主编．—北京：机械工业出版社，2018.8（2023.9 重印）
高等学校消防专业系列教材
ISBN 978-7-111-60371-9

Ⅰ．①消… Ⅱ．①和… Ⅲ．①消防—燃烧理论—高等学校—教材
Ⅳ．①TU998.12

中国版本图书馆 CIP 数据核字（2018）第 146527 号

机械工业出版社（北京市百万庄大街 22 号 邮政编码 100037）
策划编辑：常金锋 责任编辑：常金锋 陈紫青
责任校对：张晓蓉 封面设计：路恩中
责任印制：任维东
北京富博印刷有限公司印刷
2023 年 9 月第 1 版第 16 次印刷
184mm×260mm · 11.25 印张 · 255 千字
标准书号：ISBN 978-7-111-60371-9
定价：39.00 元

电话服务 网络服务
客服电话：010-88361066 机 工 官 网：www.cmpbook.com
　　　　　010-88379833 机 工 官 博：weibo.com/cmp1952
　　　　　010-68326294 金 书 网：www.golden-book.com
封底无防伪标均为盗版 机工教育服务网：www.cmpedu.com

前　言

　　教材建设是院校建设的一项基础性、长期性工作。配套、适用、体系化的专业教材不但能满足教学发展的需要，还对深化教学改革、提高人才培养质量起着极其重要的作用。近年来，公安消防部队高等专科学校党委和各级领导十分重视教材建设，专门成立了教材编审委员会，加强学校教材建设工作的领导，保证教材编写质量。根据公安消防部队高等专科学校《2016版人才培养方案》，教材编审委员会组织各教材编写组对教材进行整体修编，并请公安部消防局、消防科研所、基层消防部队和军地高校的专家审稿。

　　本次编写工作，认真贯彻"教为战"的办学思想，紧贴当前消防工作和消防部队人才培养的新需要，立足教学对象。教材在结构安排和编写内容上，紧紧围绕基础理论知识学习，并注重与后续专业课程的科学合理衔接，同时对前沿消防理论研究成果做了介绍。本书中涉及的词条和规范均按现行国家标准进行了修订。

　　本书由和丽秋担任主编。具体的编写分工如下：和丽秋编写绪论和第四章；李志红编写第一章第一节至第五节；李海江编写第一章第六节至第八节及附录；刘彬编写第二章；赵玲编写第三章；唐朝纲编写第五章第一节至第四节；赵石楠编写第五章第五节和第六节。

　　鉴于编者学识水平和实践经验有限，本书难免存在疏漏和不妥之处，敬请读者和同行批评指正。

编　者

目　　录

绪 论

一、消防燃烧学的研究对象

消防燃烧学是一门关于火灾发生、发展和熄灭规律的科学，主要研究燃烧的本质、燃烧发生与熄灭条件，火灾蔓延，热量释放速率和燃烧产物及其生成速率，特殊火灾现象以及各种影响因素等问题。

（一）燃烧的本质

火的使用是人类文明发展的重要标志，人类用火的历史可以追溯到距今 170 万～180 万年以前。人类从利用火来烧烤食物、御寒取暖、防御野兽，逐渐发展到利用火来制作生活用具、生产工具和武器。这不仅改善了当时人类的生活质量，更重要的是促进了社会生产力的发展。人类在征服和利用火的过程中，也开始了对火的认识。

人类对火的认识分两个阶段：第一阶段是神论。当时人们对这种现象还只能依赖用神话故事解释。如古希腊的神话中，火是普罗米修斯为了拯救人类的灭亡从天上偷来的。在我国有燧人氏钻木取火的故事，但这些离火的本质都相距甚远。第二阶段是科学论。随着人类对自然界的不断探索认识和科学技术的不断发展，在不同的时期提出了有关火的相应理论。17世纪末，德国的施塔尔（Georg Ernst Stahl，1660—1734）提出了"燃素说"，该理论认为：①火是由无数细小而活泼的微粒构成的物质实体，由这种微粒构成的元素就是燃素；②所有的可燃物都含有燃素，并且在燃烧时将燃素释放出来，变为灰烬，不含燃素的物质不能燃烧；③物质在燃烧时之所以需要空气，是因为空气能吸收和富集燃素。这一学说对许多燃烧现象给予了解释，但对燃烧本质的揭示则受限于当时的科学技术未能给予科学的解释。1772 年11 月 1 日，法国科学家拉瓦锡（Lavoisier Antoine-Laurent，1743—1794）在一篇关于燃烧的论文中指出燃烧是可燃物同空气中的一部分物质化合的结果，是一种化合反应，但拉瓦锡尚未完全弄清楚空气中的这一部分是什么物质。1774 年，英国科学家普利斯特列（Joseph Priestley，1733—1804）在空气中发现了氧气。拉瓦锡很快在实验中证明，燃烧中的"一部分物质"就是空气中的氧，提出了关于火的"燃烧氧学说"，并于 1777 年公布于世。"燃烧氧学说"认为：燃烧是可燃物与氧的化合反应，同时发光、放热。现代化学表明，燃烧是可燃物与氧化剂作用发生的放热反应，通常伴随有火焰、发光和（或）烟气的现象。

19 世纪，由于热力学和热化学的发展，燃烧过程开始被作为热力学平衡体系来研究，从而阐明了燃烧过程中一些重要的平衡热力学特性，如燃烧反应的热效应、燃烧产物的平衡组成、绝热燃烧温度、着火温度等，热力学成为认识燃烧现象重要的基础。20 世纪 20 年代，由于化学动力学的发展，自由基（链）反应理论问世。到了 30 年代，美国化学家路易斯（Gilbert Newton Lewis，1875—1946）和苏联化学家谢苗诺夫（Semenov Nikolay Nikolaevich，1896—1986）等人将化学动力学的机理引入了对燃烧的研究，创建了燃烧反应动力学的"链锁反应理论"，这就解决了燃烧的历程问题，使人们对燃烧的本质有了更深刻的认识，并初步奠定了燃烧理论的基础。

（二）燃烧发生与熄灭条件

燃烧的发生必须具备三要素：可燃物、助燃物和点火源。但这仅仅是发生燃烧的必要条件，仅仅具备燃烧的三要素并不必然导致燃烧，要使燃烧发生，对不同燃烧的形式还需满足更加严格的条件。如：

对预混气体，可燃气体的浓度必须界于爆炸浓度下限和爆炸浓度上限之间。

对可燃液体，液体的温度不能只达到闪点，必须高于燃点。

所有物质的体系着火都应该满足体系的热释放速率大于热损失速率的要求，只有在此条件下，热量才能积累，直至体系着火。

燃烧的熄灭有冷熄、吹熄、化学抑制和窒息等多种方式。从能量平衡的角度看，体系的着火与熄灭并非可逆过程，存在灭火滞后现象。燃烧发生和熄灭条件的研究为防火和灭火措施的制定提供了理论依据。

虽然对物质的着火与灭火已有比较成熟的理论，但对每种实际情况，材料着火的临界条件受到多种因素的影响。因此，应用消防燃烧学理论和研究方法确定特定条件下物质着火与灭火的条件仍然是消防燃烧学必须解决的问题。

（三）火灾蔓延

当火灾发生后，火灾的蔓延速率和蔓延范围是消防燃烧学研究的一个热点领域，也是关系到消防员在火灾现场实施救援行动成功与否的关键和核心问题。目前，对火焰在预混气体中的传播、火焰沿薄固体燃料和液体燃料表面的传播等都有相应的传播模型。但这些模型只能在严格限定的条件下使用，并不能作为通用模型应用到一般物质的燃烧。因此，火灾蔓延问题一直是消防燃烧学研究的热点领域。

（四）热释放速率和燃烧产物及其生成速率

热释放速率取决于可燃物的热分解（蒸发）速率和分解（蒸发）产物的燃烧效率。材料的热分解速率又取决于材料的化学动力学参数和外加热通量以及材料自身燃烧形成的热反馈通量。分解产物的燃烧效率受到氧化剂供给速率的流动形态的强烈影响。可见，用数学方法完整描述材料燃烧的热释放速率是一件十分困难的事情，需要化学动力学、传热学、流体力学等多学科知识的综合运用。

大多数燃烧产物中含有的有毒气体对被困人员、救援人员都具有毒害作用，掌握燃烧产物的生成速率和燃烧产物在建筑物内部的流动和浓度分布对评估火灾烟气对人员的危害和人员疏散的影响具有重要意义。不同物质燃烧形成的燃烧产物的种类和浓度既受可燃物化学性质的影响，又受燃烧区域空气流动形态的强烈影响。目前还没有燃烧产物成分和生成量的严格估算模型，但通过锥形量热仪实验等测试方法可以得到在特定条件下特定材料的烟气生成参数。

（五）室内火灾

室内火灾是最常见的火灾形式。由于建筑物围护结构（如墙壁、地板和天花板等）对燃烧产物和空气流动的限制，以及对热量累积和热量向可燃物表面反馈的影响，室内燃烧与敞开环境中的物质具有明显不同的特征。目前，对室内火灾的研究主要集中在下列几个方面：

（1）室内火灾基本过程和对建筑构件的热量传递。

（2）轰然与回燃等火灾现象的机理与预防方法。

（3）室内烟气流动规律。

二、火灾及其危害

火灾是指在时间或空间上失去控制的燃烧。据统计，近年来，我国每年发生数十万起火灾，造成巨大的财产损失和人员伤亡。尤其是高层建筑、地下工程、石油化工等特种火灾及爆炸事故不断发生，给国民经济和人民生命财产造成重大损失。

考究火灾的历史，根据《中国火灾大典》，目前已知的中国最早火灾记录源于甲骨文记载，而最早的关于中国消防机构及措施记载为公元前564年春的一段记录，出自《左传，襄公九年》：

[鲁襄公]九年（宋平公十二年），春，宋灾。乐喜为司城以为政。使伯氏司里，火所未至，彻小屋，涂大屋；陈畚挶，具绠缶，备水器；量轻重，蓄水潦，积土涂；巡丈城，缮守备，表火道。使华臣具正徒，令隧正纳郊保，奔火所。使华阅讨右官，官庀其司。向戌讨左，亦如之。使乐遄庀刑器，亦如之。使皇郧命校正出马，工正出车，备甲兵，庀武守。使西鉏吾庀府守。令司官、巷伯儆宫。二师令四乡正敬享，祝宗用马于四墉，祀盘庚于西门之外。

火灾从来不是孤立的，而是一定历史、社会条件下的产物，与当时经济文化发展区域紧密相连。从中国历史上火灾发生的原因来看，首先是各种各样的战争；其次是生活用火；再次是使用明火、撞击、摩擦、熬炼等各种生产活动以及雷击、地震等自然灾害；最后是原因不明的火灾事故，其所占的比例也相当大，这可能与人们了解火灾过程及分析火灾后果受科学技术条件的限制有关。而历代火灾统计分析表明：火灾事故发生地点以民居最多，占总数的53.62%；其次是从事宗教活动的建筑物（寺、庙、庵、观、祠、塔等）发生的火灾，占总数的13.66%。

现在，火灾仍然是人类所面临的最主要灾害之一。根据联合国"世界火灾统计中心"的统计，近几年在全球范围内，每年发生的火灾有600万～700万起，死亡人数为6.5万～7.5万人，占人口年度总死亡率的十万分之二，大多数国家的火灾直接经济损失都占国民经济总产值的0.15%以上，如果再考虑火灾间接经济损失、灭火费用及社会影响等，那么整个火灾损失将占到0.75%左右。图0-1和表0-1分别是1990～2015年的火灾情况图表。

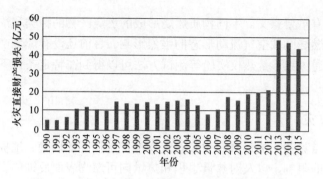

图 0-1　1990～2015 年全国火灾直接财产损失情况

表 0-1　1990～2015 年全国火灾损失情况

年　度	火灾起数/起	死亡人数/人	受伤人数/人	直接损失/亿元
1990	58207	2172	4926	5.4
1991	45167	2105	3771	5.2
1992	39391	1937	3388	6.9
1993	38073	2378	5937	11.2
1994	39337	2765	4249	12.4
1995	37915	2278	3838	11.0
1996	36856	2225	3428	10.3
1997	140280	2722	4930	15.4
1998	142326	2389	4905	14.4
1999	179955	2744	4572	14.3
2000	189185	3021	4404	15.2
2001	216784	2334	3781	14.0
2002	258315	2393	3414	15.4
2003	253932	2482	3087	15.9
2004	252804	2562	2969	16.7
2005	235941	2500	2508	13.7
2006	231881	1720	1565	8.6
2007	163521	1617	969	11.3
2008	136835	1521	743	18.2
2009	129382	1236	651	16.2
2010	132497	1205	624	19.6
2011	125417	1108	571	20.6
2012	152157	1028	575	21.8
2013	388821	2113	1637	48.5
2014	395052	1815	1513	47.0
2015	346701	1899	1213	43.6

三、火灾分类

（一）按可燃物的类型和燃烧特性划分

2009 年 4 月 1 日实施的《火灾分类》（GB/T 4968—2008）中，根据火灾中可燃物的类型和燃烧特性，火灾划分为 A、B、C、D、E、F 六个不同的类别。

（1）A 类火灾：固体物质火灾。这种物质通常具有有机物性质，一般在燃烧时能产生灼热的余烬，如木材及木制品、纤维板、棉布、合成纤维、化工原料、装饰材料等引发的火灾。

（2）B 类火灾：液体或可熔化的固体物质火灾，如酒精、苯、乙醚、丙酮、原油、汽油、煤油、柴油、重油、动植物油等引发的火灾。

（3）C 类火灾：气体火灾，如天然气、煤气、氢气、丙烷、氨气等引发的火灾。

（4）D 类火灾：金属火灾，如锂、钠、钙、镁、锌、铝等引起的火灾。

（5）E 类火灾：带电火灾，如物体带电燃烧的火灾。

（6）F 类火灾：烹饪器具内的烹饪物（如动植物油脂）火灾。

（二）按火灾损失严重程度划分

根据国务院《生产安全事故报告和调查处理条例》（493 号令）的规定，于 2007 年 6 月 1 日起，将火灾等级调整为特别重大火灾、重大火灾、较大火灾和一般火灾四个等级。

（1）特别重大火灾是指造成 30 人以上死亡，或者 100 人以上重伤，或者 1 亿元以上直接财产损失的火灾。

（2）重大火灾是指造成 10 人以上 30 人以下死亡，或者 50 人以上 100 人以下重伤，或者 5000 万元以上 1 亿元以下直接财产损失的火灾。

（3）较大火灾是指造成 3 人以上 10 人以下死亡，或者 10 人以上 50 人以下重伤，或者 1000 万元以上 5000 万元以下直接财产损失的火灾。

（4）一般火灾是指造成 3 人以下死亡，或者 10 人以下重伤，或者 1000 万元以下直接财产损失的火灾。

（注："以上"包括本数，"以下"不包括本数。）

（三）按火灾原因划分

在《中国消防年鉴》中，按起火原因把火灾分为以下 11 类：

（1）电气。违反电气安装安全规定和使用安全规定，导致电气线路故障、电器设备故障或电加热器具故障而引发火灾。如电器设备安装不合规定，导线保险丝不合格，电器设备超负荷运行、导线短路、接触不良以及其他原因引起着火等。

（2）生产作业。生产作业中违反安全操作规定引发火灾，如在进行气焊、电焊操作时，违反操作规程；在化工生产中出现超温、超压、冷却中断、操作失误而又处理不当；在储存运输化学危险品时，发生摩擦撞击，混存，遇水、酸、碱、热等。

（3）生活用火不慎。照明、炉灶、燃气用具发生故障或使用不当，敬神祭祖，烧荒、野外生活等。

（4）吸烟。违章吸烟，卧床吸烟，乱扔烟头、火柴等。

（5）玩火。小孩玩火，燃放烟花、爆竹等。

（6）自燃。可燃物受热自燃；植物、涂油物、煤堆垛过大、过久而又受潮、受热自燃；危险化学品遇水、遇空气，相互接触、撞击、摩擦自燃等。

（7）雷击。直击雷、感应雷等引发火灾。

（8）静电。静电放电引发易燃易爆物质着火。

（9）不明确原因。不能明确查清原因的火灾。

（10）放火。刑事放火，精神病人、智障人放火，自焚等。

（11）其他。不属于以上 10 类的其他原因，如战争，风灾、地震及其他自然灾害等。

火灾还可以根据火灾的发生地点分为地上建筑火灾、地下建筑火灾、水上火灾、森林火灾、草原火灾以及外空间火灾等。

火灾是一种社会现象，如果对发生各种火灾的客观原因进行综合分析，大多数火灾是由人的不安全行为、物质的不安全状态、管理技术缺陷和环境因素四个方面的因素造成的，而人是主要因素。所以，消防工作涉及社会生产、生活的各个领域，与每个社会成员息息相关。要防止火灾的发生，无论现在和将来，都必须遵循"预防为主、防消结合"的方针，同时采取技术、教育、管理等措施，实行综合治理。

四、消防燃烧学在消防科学中的地位和作用

消防燃烧学是消防学科的重要理论基础之一，研究内容包括物质的燃烧条件、着火机理、燃烧类型、燃烧过程、各种可燃物的燃烧特征以及防火与灭火的基本原理等，并为建立燃烧模型，促进消防新技术、新设备的研究，预防和扑救火灾提供理论依据。消防学科越发展，消防燃烧学在学科发展中的基础作用越突出。

通过学习，掌握各种物质燃烧的条件和发生爆炸的规律，防止火灾和爆炸事故的发生。如利用热波理论可以估算沸溢和喷溅的发生时间，根据油罐火灾的燃烧特征变化可以比较准确地判断沸溢和喷溅的发生；感烟探测器对不同物质在不同条件下产生的烟雾具有不同的探测特性，开发新的感烟探测设备必须利用不同物质产生的烟雾进行响应特性试验；根据材料燃烧痕迹可以大致判断火灾起火点。特别是近年来消防工程正经历从"处方式"向"性能化"设计的转变，而消防燃烧学的基本原理和材料燃烧特性参数是实施性能化消防工程设计与评估的基础。

上述分析表明，火灾认识科学化和火灾防治工程化是当今消防科技的根本变革，消防燃烧学的基本理论已成为消防安全管理、火灾扑救、火灾原因鉴定、消防技术开发与应用和消防工程设计与评估的基础，只有发展和应用消防燃烧学的基本理论，才能满足不断涌现的消防安全新需求。

五、消防燃烧学的特点与学习方法

消防燃烧学是一门研究对象十分广泛的课程。根据燃烧对象的状态分类，可分为固体可燃物火灾、液体可燃物火灾和气体可燃物火灾。根据火灾场所分类，还可分为地上建筑火灾、地下建筑火灾、水上（水下）火灾和空间火灾等。

消防燃烧学是一门实践性很强的课程。很多燃烧与爆炸的规律和特性是由实践总结出来的。在大部分情况下，仅仅通过消防燃烧学的基本原理无法预测各种材料在不同条件下的燃烧性能参数。因此，材料燃烧参数及其测试方法也是消防燃烧学的重要内容之一。

消防燃烧学是一门交叉性很强的课程。在消防燃烧学发展的最初阶段，燃烧的研究基本上是一个特殊的化学问题。但随着研究的深入，人们发现在涉及火灾蔓延与爆炸、火灾对周

围环境的热危害作用和毒害作用、环境条件对燃烧的影响等问题时，必须应用基础化学、化学动力学、化学热力学等多方面知识进行综合研究。

消防燃烧学是一门发展性很强的课程。随着科技进步和社会经济的不断发展，新能源、新材料和新工艺不断涌现，而由此引发的火灾、爆炸问题也不可避免地成为消防燃烧学研究的新领域。近二十年来，数值模拟技术、计算机技术快速发展，为火灾过程的数值模拟提供了极大的便利，使对火灾过程的研究逐渐从定性描述走向定量描述，这种定量描述极大地促进了对火灾基本理论的研究与应用。

消防燃烧学是一门古老而年轻的学科，在许多方面还有待进一步充实和完善。一是材料燃烧特征参数的数据库还需要不断扩充，以满足迅速发展的性能化消防工程、火灾扑救和火灾原因鉴定等工作的需要。二是由于燃烧过程的复杂性，迄今为止，对某些特殊火灾现象还无法进行准确而方便的预测。例如：实际火灾的蔓延、不同条件下火灾烟气生成量的预测、灭火剂与燃烧过程相互作用模型等都是需要研究的课题。

作为从事消防工作的人员，在学习的过程中不仅要准确把握消防燃烧学的基本原理，而且对已有的观点和结论要善于分析和思考，从中发现不足与局限性，从而不断完善。要结合实际工作中遇到的问题进行归纳总结，并学会用消防燃烧学的基本理论进行研究解决问题。只有这样，才能不断加深对消防燃烧学理论的理解和掌握，才能提高利用消防燃烧学的基本原理分析和解决实际消防问题的能力和水平。

第一章 燃烧基础

燃烧，是一种剧烈的氧化还原反应。为进一步加深对燃烧现象的认识，更好地预防和控制火灾，本章将主要介绍燃烧的本质、燃烧的条件、燃烧产生的热量传递、燃烧温度、阻燃剂原理及其相关燃烧参数的计算等相关知识。

第一节 燃烧的本质

【学习目标】

1. 了解燃烧与氧化的关系。
2. 熟悉影响燃烧反应速率的因素。
3. 掌握燃烧的概念与本质。

一、燃烧

燃烧是可燃物与氧化剂作用发生的放热反应，通常伴有火焰、发光和（或）烟气的现象。燃烧区的高温使其中的气体分子、固体粒子和某些不稳定（受激发）的中间体发生能级跃迁，从而发出各种波长的光；发光的气相燃烧区域就是火焰，它的存在是燃烧过程最明显的标志；由于燃烧不完全等原因，气体产物中会混有微小颗粒，就形成了烟。

燃烧是复杂的物理与化学过程相互作用的结果，化学反应是燃烧的一个主要而基本的过程。例如：

$$C + O_2 \xrightarrow{\text{点燃}} CO_2$$

$$CH_4 + 2O_2 \xrightarrow{\text{点燃}} CO_2 + 2H_2O$$

$$C_2H_4 + 3O_2 \xrightarrow{\text{点燃}} 2CO_2 + 2H_2O$$

燃烧不仅在空气（氧）中能发生，有的可燃物在其他氧化剂中也能发生燃烧。例如，氢气就能在氯气中燃烧，即

$$H_2 + Cl_2 \xrightarrow{\text{点燃}} 2HCl$$

镁屑甚至能在二氧化碳中燃烧，即

$$2Mg + CO_2 \xrightarrow{\text{点燃}} 2MgO + C$$

在日常生活、生产中所看到的燃烧现象，大都是可燃物与空气（氧）或其他氧化剂进行剧

烈化合而发生的放热发光现象。实际上，燃烧不仅仅是化合反应，有的也是分解反应。例如：

$$S+O_2 \xrightarrow{\text{点燃}} SO_2$$

$$4C_3H_5(ONO_2)_3 \xrightarrow{\text{点燃}} 12CO_2 + 10H_2O + O_2 + 6N_2$$

从化学反应的角度看，燃烧是一种特殊的氧化还原反应，服从于化学动力学、化学热力学的定律以及其他自然科学的基本规律（质量守恒、能量守恒），但其放热、发光、发烟、伴有火焰等基本特征表明它不同于一般的氧化还原反应。如果反应速率极快，则因高温条件下的气体和周围气体共同膨胀作用，使反应能量直接转变为机械功，在压力释放的同时产生强光、热和声响，这就是所谓的爆炸。它与燃烧没有本质差别，是燃烧的表现形式之一。

研究表明，很多燃烧反应不是初始反应物之间一步完成的，而是通过游离基和原子等中间产物在瞬间进行的循环链式反应。游离基的链式反应就是燃烧反应的实质，光和热是燃烧过程的物理现象。

二、燃烧与氧化

燃烧是可燃物与氧或其他氧化剂进行的氧化还原反应。但由于氧化速率的不同，或成为燃烧反应，或成为一般的氧化反应。剧烈氧化的结果，放热发光，成为燃烧；而一般氧化，仅是缓慢的化学反应，达不到剧烈的程度，产生的热量较小，并又随时散发掉，没有发光现象，因而不是燃烧。所以，氧化与燃烧都是同一种化学反应，只是反应的速率和产生的现象不同而已。氧化包括燃烧，而燃烧则是氧化反应的特例，也就是说，物质燃烧是氧化反应，而氧化反应不一定都是燃烧；能够被氧化的物质不一定都能燃烧，而能燃烧的物质一定能够被氧化。

因此，判断物质是否发生了燃烧反应，可根据"化学反应、放出热量、发出光亮"这三个特征，区别燃烧现象与非燃烧现象。

三、燃烧反应速率方程

燃烧反应是一种氧化还原反应，其反应速率方程可以根据化学反应动力学理论得到。

（一）质量作用定律

对于简单反应

$$aA + bB \xrightarrow{\quad\quad} cC + dD$$

其反应速率在恒温条件下与反应物浓度（以方程式中该反应物的系数为指数）的乘积成正比，称为质量作用定律，数学表达式为

$$W_S = kC_A^a C_B^b \tag{1-1}$$

式中　W_S——化学反应速率[mol/（L·s）]；

　　　C_A——A反应物的摩尔浓度（mol/L）；

　　　C_B——B反应物的摩尔浓度（mol/L）；

　　　k——反应速率常数[（mol/L）$^{1-(a+b)} \cdot s^{-1}$]。

（二）阿伦尼乌斯公式

化学反应速率常数 k 随温度增加而增加，阿伦尼乌斯公式表明化学反应速率常数与温度呈指数关系，即

$$k = K_0 e^{\frac{-E}{RT}} = K_0 \exp\left(\frac{-E}{RT}\right) \tag{1-2}$$

式中　K_0——频率因子或阿伦尼乌斯常数（min^{-1}）；

　　　E——反应活化能（J/mol 或 kJ/mol）；

　　　R——摩尔气体常数[8.314J/（mol·K）]；

　　　T——反应绝对温度（K）。

（三）燃烧反应速率方程

将阿伦尼乌斯公式代入质量作用定律得：

$$W_S = K_0 C_A^a C_B^b \exp\left(\frac{-E}{RT}\right) \tag{1-3}$$

从公式（1-3）可以得出：

（1）在火灾现场氧气和可燃气体的浓度越低，燃烧反应速率 W_S 越小，这是窒息灭火的依据。如：在关闭房门的房间内进行的有焰燃烧，随着燃烧的进行，氧气浓度逐渐降低，燃烧反应速率会逐渐减慢。当氧气浓度下降到一定浓度时，绝大多数燃烧都会熄灭。

（2）火灾现场温度越低，燃烧反应速率越慢，这是降温灭火法的依据。温度越低，燃烧中的自由基增长速率越慢，同时液体的蒸发、固体可燃物的裂解挥发速率都会下降，这些都不利于燃烧的进行。

（3）可燃物反应时活化能 E 越高，燃烧反应速率越慢。活化能 E 是用来破坏反应物分子内部化学键所需要的能量，可燃物内部化学键越牢固，需要的活化能就越大，反应速率也就越慢。

【思考题】

1. 燃烧的基本特征和本质是什么？
2. 简述燃烧与氧化的关系。
3. 影响燃烧反应速率的因素有哪些？

第二节　燃烧的条件

【学习目标】

1. 了解可燃物、助燃物、点火源的概念。
2. 熟悉燃烧的必要条件和充分条件。
3. 掌握防火、灭火的基本原理。

一、燃烧的必要条件

燃烧现象十分普遍，但其发生必须具备三个基本条件，即可燃物、助燃物、点火源。

作为一种特殊的氧化还原反应，燃烧反应必须有氧化剂和还原剂参加，此外还要有引发燃烧的能量，只有这三个条件同时具备，燃烧现象才能发生，无论缺少哪一个条件，燃烧都不能发生。

（一）可燃物（还原剂）

可燃物是指可以燃烧的物品。可燃物按其物理状态分为气体可燃物、液体可燃物和固体可燃物三类。可燃物大多是含碳和氢的化合物，如氢气、乙炔、酒精、汽油、纸张、塑料、橡胶、纺织纤维、硫、磷、钾、钠、镁、铝等。

（二）助燃物（氧化剂）

助燃物是指帮助和支持可燃物燃烧的物质，即凡是与可燃物结合能导致和支持燃烧的物质，都称为助燃物，如空气（氧气）、氯气、氯酸钾、高锰酸钾、过氧化钠等。空气是最常见的助燃物，一般情况下，可燃物的燃烧都是在空气中进行的。

（三）点火源（引火源）

点火源是指使物质开始燃烧的外部热源与能源。最常见的是热能，此外还有化学能、电能、机械能等转变的热能，如明火、高温表面、摩擦与撞击、自然发热、化学反应热、电火花、光热射线等。

以上三个条件是发生燃烧的必要条件，通常称为燃烧三要素。但是即使具备了三要素并且相互结合、相互作用，燃烧也不一定能发生。为使燃烧发生，除满足上述三个必要条件外，还必须满足燃烧的充分条件。

二、燃烧的充分条件

（一）一定的可燃物浓度

可燃气体或蒸气只有达到一定的浓度时才会发生燃烧。例如，氢气在空气中的含量达到 4%～75% 之间时遇点火源就能着火甚至爆炸；但若氢气在空气中的含量低于 4% 或高于 75% 时，发生爆炸的概率就比较低。又如，在 20℃ 的条件下，用火柴分别去点汽油和煤油时，汽油立刻燃烧起来，而煤油却不燃。这是因为在室温下的煤油蒸气浓度少，还没有达到燃烧所需的浓度。由此说明，虽然有可燃物，但其挥发的气体或蒸气浓度不够，即使有空气（氧化剂）和点火源的接触，也不能发生燃烧。

（二）一定的助燃物浓度或含氧量

要使可燃物燃烧，助燃物的浓度必须足够。一般的可燃材料在氧含量低于 13% 的空气中，燃烧将不可能发生或无法持续燃烧。例如，点燃的蜡烛用玻璃罩罩起来，不使周围空气进入，经过较短时间后，蜡烛就会自行熄灭。通过对玻璃罩内气体的分析，发现气体中还含有 16% 的氧气，这说明蜡烛在氧含量低于 16% 的空气中就不能燃烧。测试表明，一般可燃物燃烧都需要有一个最低氧化剂浓度（即最低氧含量），低于此浓度燃烧就不会发生。部分物质燃烧所需最低氧含量见表 1-1。

表 1-1 部分物质燃烧所需最低氧含量

物质名称	氧含量（%）	物质名称	氧含量（%）
汽油	14.4	丙酮	13.0
煤油	15.0	氢气	5.9
乙醇	15.0	橡胶屑	13.0
乙醚	12.0	多量棉花	8.0
乙炔	3.7	蜡烛	16.0

（三）一定的点火源能量

无论何种能量的点火源，都必须达到一定的强度才能引起可燃物着火。也就是说，点火源必须有一定的温度和足够的热量，否则，燃烧便不会发生。

能引起一定浓度可燃物燃烧所需的最小能量称为最小引燃能量（也称最小点火能量）。物质能否燃烧，取决于点火源的强度，点火源的强度低于最小点火能量便不能引起可燃物燃烧。例如，从烟囱冒出来的炭火星，温度约有 600℃，已超过一般可燃物的燃点，如果这些火星落在柴草、纸张和刨花等易燃物上，就能引起着火，说明这种火星所具有的温度和热量能引燃这些物质；如果这些火星落在大块木材上，虽有较高的温度，但缺乏足够的热量，不但不能引起大块木材着火，而且还会很快熄灭。再如，生活中人们生炉子，总要先用废纸、刨花、木炭等容易着火的物质来引火，这就是利用这些物质燃烧时放出的热量把炉子里的煤炭（焦炭）加热到一定温度使其燃烧，之后由于煤炭（焦炭）本身燃烧放出大量的热，在炉子里保持着相当高的温度，使煤炭（焦炭）能持续自行加热燃烧。

由此说明，只有具备一定温度和热量的点火源，才能引起可燃物的燃烧。不同的可燃物燃烧时所需要的温度和热量各不相同。表 1-2 为几种常见可燃物的燃点（燃烧所需要的温度）。

表 1-2 几种常见可燃物的燃点

物质名称	燃点/℃	物质名称	燃点/℃
松木	250	照明煤油	86
棉花	210～255	橡胶	120
布匹	200	麻绒	150
纸张	130～230	松节油	53
麦草	200	黄磷	34～60

一些可燃物的最小点火能量见表 1-3。

表 1-3 一些可燃物的最小点火能量

物质名称	最小点火能量/mJ	物质名称	最小点火能量/mJ
汽油	0.2	乙炔（7.72%）	0.019
氢（29.5%）	0.019	甲烷（8.5%）	0.28
丙烷（5%～5.5%）	0.26	乙醚（5.1%）	0.19
甲醇（12.24%）	0.215	苯（2.7%）	0.55

（四）未受抑制的链锁反应

对于无焰燃烧，以上三个条件同时存在，相互作用，燃烧即会发生。而对于有焰燃烧，除以上三个条件外，在燃烧过程中存在未受抑制的自由基（游离基），形成链锁反应，使燃烧能够持续下去。

燃烧三要素可表示为封闭的三角形，通常称之为着火三角形，如图 1-1a 所示。

经典的着火三角形一般足以说明燃烧得以发生和持续进行的原理。但是根据燃烧的链锁反应理论，很多燃烧的发生和持续都有自由基（游离基）作为"中间体"，因此着火三角形应扩大为一个包括说明自由基参加燃烧反应的着火四面体，如图 1-1b 所示。

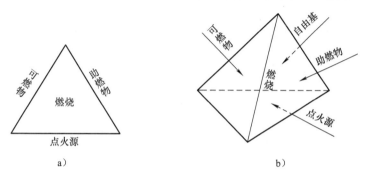

图 1-1　着火三角形和着火四面体

a）着火三角形　b）着火四面体

三、燃烧条件的应用

燃烧不仅需要一定的条件，而且燃烧条件是一个整体，无论缺少哪一个，燃烧都不能发生。正确应用燃烧条件是进行火灾预防和扑救的基础。

（一）根据燃烧的必要条件进行火灾预防

火灾预防就是防止火灾发生和（或）限制燃烧条件互相结合、互相作用。

1．控制可燃物

在生产生活中，可根据不同情况采取不同措施进行火灾预防。用难燃或不燃的材料代替易燃或可燃的材料；用防火涂料刷涂可燃材料，改变其燃烧性能；对于具有火灾、爆炸危险性的厂房，采取通风方法以降低易燃气体、蒸气和粉尘在厂房空气中的浓度，使之不超过最高允许浓度；将相互作用能产生可燃气体或蒸气的物质分开存放等。

2．控制助燃物

涉及易燃易爆物质的生产过程，应在密闭设备中进行；对有异常危险的操作过程，停产后或检修前，用惰性气体吹洗置换；对乙炔生产、甲醇氧化、TNT 球磨等特别危险的生产，可充装氮气保护；隔绝空气储存某些易燃易爆物质等。

3．控制和消除点火源

在人们生活、生产中，可燃物和空气是客观存在的，绝大多数可燃物即使暴露在空气中，若没有点火源作用，也是不能着火（爆炸）的。从这个意义上来说，控制和消除点火源是防止火灾发生的关键。

一般说来，实际生产、生活中经常出现的火源大致有以下几种：生产用火、生活用火、炉火、干燥装置、烟筒烟道、电器设备、机械设备、高温表面、自燃、静电火花、雷击和其他火源。根据不同情况，控制这些火源的产生和使用范围，采取严密的防范措施，严格执行动火用火制度，对于防火防爆十分重要。

4. 防止形成新的燃烧条件，阻止火势扩散蔓延

一旦发生火灾，应千方百计迅速把火灾或爆炸限制在较小的范围内，防止火势蔓延扩大。

限制火灾爆炸扩散蔓延的措施，应在城乡建筑、生产工艺设计开始就统筹考虑。对于建筑的布局、结构以及防火防烟分区、工艺装置和各种消防设施的布局与配置等，不仅要考虑节省土地和投资，有利于生产、方便生活，而且更要确保安全。根据不同情况，可采取下列措施：①在建筑物之间设置防火防烟分区、筑防火墙、留防火间距；②对危险性较大的设备和装置，采取分区隔离、露天布置和远距离操作的方法；③在能形成爆炸介质的厂房、库房、工段，设泄压门窗、轻质屋盖，安装安全可靠的安全液封、水封井、阻火器、单向阀、阻火闸、火星熄灭器等；④装置火灾自动报警、自动灭火设备或固定、半固定的灭火设施，以便及时发现和扑救初起火灾等。

（二）根据燃烧的充分条件选择灭火方法

灭火就是控制和破坏已经形成的燃烧条件，或者使燃烧反应中的游离基消失，以迅速熄灭或阻止物质的燃烧，最大限度地减少火灾损失。根据燃烧条件和同火灾做斗争的实践经验，灭火的基本原理有四种。

1. 隔离法

隔离法就是将可燃物与着火源隔离开来，如将尚未燃烧的可燃物与正在燃烧的物质隔开或疏散到安全地点。这是扑灭火灾常用的方法，适合扑救各种火灾。常用的隔离措施有：①关闭可燃气体、液体管道的阀门，以减少和阻止可燃物进入燃烧区；②将火源附近的可燃、易燃、易爆和助燃物品搬走；③排除生产装置、容器内的可燃气体或液体；④设法阻挡流散的液体；⑤拆除与火源毗连的易燃建（构）筑物，形成阻止火势蔓延的空间地带；⑥用高压密集射流封闭的方法扑救井喷火灾等。

2. 窒息法

窒息法就是阻止助燃物（氧气、空气或其他氧化剂）进入燃烧区或用不燃物质稀释，使可燃物得不到足够的氧气而停止燃烧。它适用于扑救容易封闭的容器设备、房间、洞室和工艺装置或船舱内的火灾。常用的窒息措施有：①用干砂、湿棉被、帆布、海草等不燃或难燃物捂盖燃烧物，阻止空气流入燃烧区，使已经燃烧的物质得不到足够的氧气而熄灭；②用水蒸气或惰性气体（如 CO_2、N_2）灌注容器设备稀释空气，条件允许时，也可用水淹没的方法窒熄灭火；③密闭起火建筑、设备的孔洞和洞室；④用泡沫覆盖在燃烧物上使之窒息。

3. 冷却法

冷却法就是将灭火剂直接喷射到燃烧物上，使燃烧物的温度降至着火点（燃点）以下，

使燃烧停止；或者将灭火剂喷洒在火源附近的物体上，使其不受火焰辐射热的威胁，避免形成新的燃烧条件，将火灾迅速控制和扑灭。最常见的方法就是用水来冷却灭火。比如，一般房屋、家具、木柴、棉花、布匹等可燃物都可以用水来冷却灭火。二氧化碳灭火剂的冷却效果也很好，可以用来扑灭精密仪器、文书档案等贵重物品的初期火灾。还可用水冷却建（构）筑物、生产装置、设备容器，以减弱或消除火焰辐射热的影响。但采用水冷却灭火时，应首先掌握"不见明火不射水"这个防止水渍损失的原则，当明火焰熄灭后，应立即减少水枪支数和水流量，防止水渍损失。同时，对不能用水扑救的火灾，切忌用水灭火。

4．化学抑制法

化学抑制法基于燃烧是一种链锁反应的原理，使灭火剂参与燃烧的链锁反应，它可以销毁燃烧过程中产生的游离基，形成稳定分子或低活性游离基，从而使燃烧反应停止，达到灭火的目的。采用这种方法的灭火剂，目前主要有 7150 等卤代烷灭火剂和干粉灭火剂。但卤代烷灭火剂对环境有一定污染，特别是对大气臭氧层有破坏作用，生产和使用会受到限制，各国正在研制灭火效果好且无污染的新型高效灭火剂来代替。

火场上灭火方法的选用应根据燃烧物质的性质、燃烧特点和火场的具体情况以及消防器材装备的性能综合考虑。有些火场，往往需要同时使用几种灭火方法，比如用干粉灭火时，还要采用必要的冷却降温措施，以防止复燃。

【思考题】

1．燃烧的必要条件和充分条件是什么？
2．根据燃烧条件简述防火的基本原理。
3．根据燃烧条件简述灭火的基本原理。

第三节　燃烧空气量的计算

【学习目标】

1．熟悉燃烧反应方程式的书写。
2．掌握纯净物和混合物完全燃烧所需空气量的计算。

一、燃烧反应方程式

描述参加燃烧反应的各种物质变化过程的表达式，称为燃烧反应方程式。可燃物的燃烧一般是在空气中进行的，近地面干洁空气的气体组成见表 1-4。

表 1-4　近地面干洁空气的气体组成

气体	体积分数/$\times 10^{-6}$	气体	体积分数/$\times 10^{-6}$
氮（N_2）	780900	氪（Kr）	1.0
氧（O_2）	209400	一氧化氮（NO）	0.5
氩（Ar）	9300	氢（H_2）	0.5
二氧化碳（CO_2）	315	氙（Xe）	0.08
氖（Ne）	18	二氧化氮（NO_2）	0.02
甲烷（CH_4）	1.0～1.2		

在空气中，氧气 O_2 约占 21%（体积百分比），氮气 N_2（包括微量的惰性气体和其他气体）约占 79%，即 $V_{O_2} : V_{N_2} \approx 1 : 3.76$。$N_2$ 在燃烧过程中一般不参加化学反应，但空气中的 N_2 总是与参加化学反应的 O_2 按一定的比例（1:3.76）进入燃烧体系。也就是说，燃烧中只要有 1 体积（或摩尔）的 O_2 参加反应，就必然有 3.76 体积（或摩尔）的 N_2 的参与，从而需要 4.76 体积（或摩尔）的空气。因此研究物质的燃烧反应，必须考虑 N_2 的参与，并将相应量的 N_2 写入燃烧反应方程式。

例如，碳完全燃烧的化学反应方程式为 $C + O_2 \Longrightarrow CO_2$，每燃烧 1mol 的 C，就要消耗 1mol 的 O_2，也必然有 3.76mol 的 N_2 同时被带入燃烧体系。所以碳的燃烧反应方程式为

$$C + O_2 + 3.76N_2 \Longrightarrow CO_2 + 3.76N_2 + Q$$

又如，氢气和甲烷的燃烧反应方程式分别为

$$H_2 + \frac{1}{2}O_2 + \frac{1}{2} \times 3.76N_2 \Longrightarrow H_2O + \frac{1}{2} \times 3.76N_2 + Q$$

$$CH_4 + 2O_2 + 2 \times 3.76N_2 \Longrightarrow CO_2 + 2H_2O + 2 \times 3.76N_2 + Q$$

一般有机可燃物的分子式可表示为 $C_\alpha H_\beta O_\gamma$，其完全燃烧反应方程式通式可表示为

$$C_\alpha H_\beta O_\gamma + \left(\alpha + \frac{\beta}{4} - \frac{\gamma}{2}\right)O_2 + \left(\alpha + \frac{\beta}{4} - \frac{\gamma}{2}\right) \times 3.76N_2$$

$$\Longrightarrow \alpha CO_2 + \frac{\beta}{2}H_2O + \left(\alpha + \frac{\beta}{4} - \frac{\gamma}{2}\right) \times 3.76N_2 + Q$$

书写燃烧反应方程式，首先可燃物为 1mol，其次必须反应前后都写出 N_2，N_2 的化学计量系数为 O_2 的 3.76 倍，通式中 O_2 的化学计量系数为 $\left(\alpha + \frac{\beta}{4} - \frac{\gamma}{2}\right)$，用 A 表示。

二、纯净物完全燃烧所需空气量的计算

1mol 可燃纯净物（单质或化合物）完全燃烧所需 O_2 为 Amol，则所需的空气量为 4.76Amol。在实际的工作中，常常需要计算出单位体积或单位质量的可燃物完全燃烧所需空气量的体积，用 $V_{空}$ 表示。可燃物如为气态，其完全燃烧所需空气量常用 m^3/m^3 表示；如为液态或固态，则用 m^3/kg 表示。

（一）气态纯净物

根据理想气体状态方程 $pV = nRT$，在相同状态下，气体的摩尔比等于其体积比。由燃烧反应方程式可知，1mol 气态纯净物完全燃烧需要 Amol 的 O_2，所需的空气量为 4.76Amol；则 $1m^3$ 气态纯净物完全燃烧需要 Am^3 的 O_2，所需的空气量为 4.76Am^3，即

$$V_{空} = 4.76A \quad (m^3/m^3) \tag{1-4}$$

【例题 1-1】试求 $1m^3$ 乙炔完全燃烧所需的空气量。

解：$C_2H_2 + \frac{5}{2}O_2 + \frac{5}{2} \times 3.76N_2 \Longrightarrow 2CO_2 + H_2O + \frac{5}{2} \times 3.76N_2 + Q$

已知：$A=\dfrac{5}{2}$

则：$V_空=4.76A=4.76\times\dfrac{5}{2}=11.9$（$m^3/m^3$）

答：$1m^3$乙炔完全燃烧所需的空气量为$11.9m^3$。

（二）液态或固态纯净物

液态或固态纯净物，在标准状况（0℃、1.01325×10^5Pa）下完全燃烧所需的空气量可按式（1-5）计算，即

$$V_空=4.76A\times\dfrac{22.4}{M}\quad（m^3/kg）\tag{1-5}$$

式中　M——液态或固态可燃纯净物的摩尔质量（或分子量）。

【例题1-2】试求1kg乙醇在标准状况下完全燃烧所需的空气量。

解：$C_2H_5OH+3O_2+3\times3.76N_2\xmalinebreak 2CO_2+3H_2O+3\times3.76N_2+Q$

已知：$A=3$，$M=46$

则：$V_空=4.76A\times\dfrac{22.4}{M}=4.76\times3\times\dfrac{22.4}{46}\approx6.95$（$m^3/kg$）

答：1kg乙醇在标准状况下完全燃烧所需的空气量为$6.95m^3$。

若液态或固态纯净物在常温常压（25℃、1.01325×10^5Pa）下完全燃烧，则所需的空气量可按式（1-6）计算，即

$$V_空=4.76A\times\dfrac{24.5}{M}\quad（m^3/kg）\tag{1-6}$$

那么，1kg乙醇在常温常压下完全燃烧所需的空气量为

$$V_空=4.76A\times\dfrac{24.5}{M}=4.76\times3\times\dfrac{24.5}{46}\approx7.61\quad（m^3/kg）$$

若是在非标态下完全燃烧,则所需的空气量可根据理想气体状态方程$pV=nRT$进行计算。

【例题1-3】试求1kg乙醇在20℃、0.9个大气压下完全燃烧所需的空气量。

解：根据乙醇的完全燃烧反应方程式可知，1mol乙醇需要3mol的O_2，而1kg乙醇的摩尔数为$\dfrac{1000}{46}$mol，需要$3\times\dfrac{1000}{46}$mol的O_2，则

$$V_空=4.76V_{O_2}=4.76\times\dfrac{nRT}{p}$$

$$=4.76\times\dfrac{3\times\dfrac{1000}{46}\times8.314\times(273.15+20)}{0.9\times1.01325\times10^5}$$

$$\approx8.30（m^3/kg）$$

答：1kg乙醇在20℃、0.9个大气压下完全燃烧所需空气量为$8.30m^3$。

三、混合物完全燃烧所需空气量的计算

（一）气态混合物

由多种已知分子式和体积百分含量 $V_i\%$ 的气体组成的气态可燃混合物，其完全燃烧所需的空气量可通过式（1-7）计算，即

$$V_{空} = 4.76 V_{O_2}$$
$$= 4.76(A_1 V_1\% + A_2 V_2\% + \cdots\cdots + A_i V_i\% - O_2\%)$$

即

$$V_{空} = 4.76\left(\sum_i A_i V_i\% - O_2\%\right) \quad (m^3/m^3) \qquad (1-7)$$

若混气中含有 N_2、CO_2 等既不燃烧也不助燃的气体，则不计入公式中。

【例题 1-4】试求完全燃烧 $1m^3$ 高炉煤气所需的空气量。已知高炉煤气的组成为 CO_2—12%、CO—25%、CH_4—1%、H_2—2%、N_2—60%。

解：高炉煤气中的可燃成分为 CO、CH_4 和 H_2，无助燃成分。其燃烧反应方程式为

$$CO + \frac{1}{2}O_2 + \frac{1}{2}\times3.76N_2 \xage CO_2 + \frac{1}{2}\times3.76N_2 + Q$$

$$CH_4 + 2O_2 + 2\times3.76N_2 \xage CO_2 + 2H_2O + 2\times3.76N_2 + Q$$

$$H_2 + \frac{1}{2}O_2 + \frac{1}{2}\times3.76N_2 \xage H_2O + \frac{1}{2}\times3.76N_2 + Q$$

由燃烧反应方程式可知：

CO 的 $A_i = \frac{1}{2}$，CH_4 的 $A_i = 2$，H_2 的 $A_i = \frac{1}{2}$

将有关数值代入式（1-7），则

$$V_{空} = 4.76\left(\sum_i A_i V_i\%\right)$$
$$= 4.76\left(\frac{1}{2}\times25\% + 2\times1\% + \frac{1}{2}\times2\%\right)$$
$$\approx 0.74 \, (m^3/m^3)$$

答：完全燃烧 $1m^3$ 高炉煤气所需的空气量为 $0.74m^3$。

（二）液态或固态混合物

设液态或固态混合物中各组分的分子量为 M_i，质量百分比含量为 $C_i\%$，其完全燃烧反应方程式中 O_2 的系数为 A_i，则 $1kg$ 液态或固态混合物在标准状况下完全燃烧所需的空气量为

$$V_{空} = 4.76 V_{O_2}$$
$$= 4.76\times22.4\left(\sum_i \frac{A_i C_i\%}{M_i} - \frac{C_{O_2}\%}{32}\right)(m^3/kg) \qquad (1-8)$$

【例题 1-5】已知木材的组成为 C—48%、H—5%、O—40%、N—2%、H_2O—5%，试求 $1kg$ 这样的木材在标准状况下完全燃烧所需的空气量。

解：从燃烧反应方程式可知：

C 的 $A_i=1$，H 的 $A_i=\dfrac{1}{4}$

将有关数值代入式（1-8），则

$$V_{空}=4.76V_{O_2}$$

$$= 4.76\times22.4\left(\frac{1\times48\%}{12}+\frac{\frac{1}{4}\times5\%}{1}-\frac{40\%}{32}\right)$$

$$\approx 4.26(\mathrm{m^3/kg})$$

答：1kg 这样的木材在标准状况下完全燃烧所需的空气量为 4.26m³。

四、理论空气量与实际空气量

利用可燃物发生完全燃烧的燃烧反应方程式计算出的空气量称为理论空气量，常见可燃物完全燃烧所需的理论空气量见表 1-5。

表 1-5　常见可燃物完全燃烧所需的理论空气量

可燃物	燃烧 1m³ 物质所需的空气量		可燃物	燃烧 1kg 物质所需的空气量（标况）	
	m³	kg		m³	kg
乙炔	11.9	15.4	碳	8.89	11.44
氢	2.38	3.0	硫	3.33	4.3
一氧化碳	2.38	3.0	磷	4.3	5.56
甲烷	9.52	12.3	钾	0.7	0.9
丙烷	23.8	30.6	萘	10.0	12.93
丁烷	30.94	40.0	木材	4.26	5.84
水煤气	2.2	2.84	煤油	11.5	14.87
焦炉煤气	3.68	4.76	丙酮	7.35	9.45
乙烯	14.28	18.46	苯	10.25	13.2
丙烯	21.42	27.70	甲苯	10.3	13.3
丁烯	28.56	36.93	石油	10.8	14.0
硫化氢	7.14	9.23	汽油	11.1	14.35

然而在实际燃烧过程中，由于环境条件一般都不处于标准状况，并且实际燃烧所需的空气量也因各种因素的影响而大于理论计算值，要使可燃物完全燃烧，必须要供给过量的空气。可燃物完全燃烧所需的实际空气量与理论空气量之差称为超量空气，实际空气量与理论空气量之比称为通风系数，常用 α 表示，即

$$\alpha=\frac{V_{实}}{V_{理}}$$

α 值一般在 1～2 之间，各种状态的可燃物完全燃烧时的 α 经验值为

气态物质：$\alpha=1.02\sim1.2$

液态物质：$\alpha=1.1\sim1.3$

固态物质：$\alpha=1.3\sim1.7$

可燃物完全燃烧实际所需的空气量，可用通风系数α求算近似值。

例如：

（1）$1m^3$乙炔完全燃烧所需的实际空气量为

$$V_实=V_理\alpha=11.9\times(1.02\sim1.2)=12.138\sim14.280(m^3)$$

（2）1kg乙醇在标准状况下完全燃烧所需的实际空气量为

$$V_实=V_理\alpha=6.95\times(1.1\sim1.3)=7.645\sim9.035(m^3)$$

（3）1kg木材在标准状况下完全燃烧所需的实际空气量为

$$V_实=V_理\alpha=4.26\times(1.3\sim1.7)=5.538\sim7.242(m^3)$$

【思考题】

1．试计算$250m^3$丁烯完全燃烧所需的理论空气量和实际空气量。

2．试计算1t苯在28℃、1个大气压下完全燃烧所需的理论空气量和实际空气量。

3．已知某一天然气的组成为CH_4—85%、C_2H_6—10%、C_3H—4%、C_4H_{10}—1%，求$150m^3$天然气完全燃烧所需的理论空气量和实际空气量。

第四节　火　焰

【学习目标】

1．了解火焰的概念及其分类。

2．熟悉火焰的结构。

3．掌握火焰的特征及对灭火工作的影响。

一、火焰及其分类

火焰是指发光的气相燃烧，即燃料和空气混合后迅速转变为燃烧产物的化学过程中出现的可见光或其他的物理表现形式，也是一种物理现象。它是有焰燃烧的基本特征。

气态可燃物燃烧时形成的火焰，有预混火焰和扩散火焰两种。可燃气体与空气预先混合后进行预混燃烧所呈现的火焰，称为预混火焰；可燃气体与空气边混合边燃烧所呈现的火焰，称为扩散火焰。液态和固态可燃物燃烧时由分解或蒸发产生的气体形成的火焰，一般为扩散火焰。

可燃物在燃烧时，根据其状态不同和助燃物的供给方式等因素不同，火焰的结构也不完全相同。

（一）气态可燃物火焰

以本生灯为例，其火焰结构如图1-2所示。由一次空气供氧所形成的火焰峰面在内层，称为内焰；由二次空气供氧所形成的火焰峰面在外层，称为外焰。这种火焰比较稳定，温度较高，本生灯、气焊炬等火焰属于这一类。有的气体火焰无一次空气进入，只有一层圆锥形火焰，即只有外焰，如天然气井喷火焰，可燃气体容器或管路破裂时在泄漏处形成的喷流火焰等。

（二）液态可燃物火焰

液态可燃物的火焰结构，以蜡烛火焰为例，如图1-3所示，它由焰心、内焰和外焰三个区域组成。

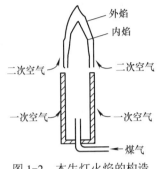

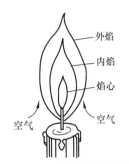

图1-2 本生灯火焰的构造   图1-3 蜡烛火焰的构造

1. 焰心

焰心是最内层亮度较暗的圆锥体部分，由可燃物受热蒸发或分解产生的气态可燃物所构成。由于内层氧气浓度较低，所以燃烧不完全，温度较低。

2. 内焰

内焰为包围在焰心外部较明亮的圆锥体部分。在这层火焰中气态可燃物进一步分解，因氧气供应不足，所以燃烧也不甚完全，但温度较焰心高。因火焰中的微小碳粒子受热发出较明亮的光，所以内焰的亮度最强。

3. 外焰

外焰为包围在内焰外面亮度较暗的圆锥体。在这层火焰中，氧气供给充足，因此燃烧完全，燃烧温度最高。在外焰燃烧的往往是一氧化碳和氢气，炽热的碳粒很少，因此几乎没有光亮。

一切可燃性固体和液体燃烧时形成的火焰，都有焰心、内焰和外焰三个区域。但可燃气体燃烧时形成的火焰，只有内焰和外焰两个区域，而没有焰心区域，这是由于气体的燃烧一般无相变的过程。在火焰中，不同的部位有不同的温度。焰心的温度最低，外焰的温度最高。在火场上，固体表面的形状和堆放的方法不同，火焰的形状也不同；风力等外界环境因素的影响，也使固体、液体的火焰形状有所不同。

二、火焰的特征

火焰的存在通常是燃烧发生的标志，而火焰的一个重要特征就是发光。不同化学组成的可燃物燃烧火焰特征不同，同一可燃物在不同条件下燃烧时，其火焰特征也会不同。火焰有显光的（光亮的）和不显光的（或发蓝色）两种类型，而显光的火焰又分为有熏烟的和无熏烟的两种。可燃物在空气中燃烧的火焰特征与下列因素有关。

（一）可燃物中氧、碳的含量

含氧量在50%以上的可燃物燃烧时，通常发出不显光的火焰（发蓝光，白天不易看见）；

含氧量在 50%以下的可燃物燃烧时，发出显光的火焰；含碳量在 60%以上的可燃物燃烧时，则发出显光、并带有大量熏烟的火焰。

部分可燃物的元素组成与火焰的特征见表 1-6。

表 1-6　部分可燃物的元素组成与火焰的特征

物质名称	碳（%）	氧（%）	氢（%）	火焰的特征
甲酸	26	69.5	4.5	不显光
一氧化碳	43	57	—	不显光
乙酸	40	53.3	6.7	不显光
甘油	39.1	52.17	8.73	不显光
糖	42.1	51.5	6.4	不显光
甲醇	37.5	50	12.5	不显光
木材	49.5	44.2	6.3	显光
乙醇	52.2	34.8	13	显光但无熏烟
丙酮	62	27.65	10.35	显光且熏烟
硬脂酸	75	13.2	11.8	显光且熏烟
苯	92.3	—	7.7	显光且熏烟
乙炔	92.3	—	7.7	显光且熏烟

（二）引进火焰中的离子成分

有机可燃物火焰的明亮程度和颜色与燃烧时碳元素化合充分与否有关。在供氧充足情况下，燃烧充分，火焰的光就弱或不显光；当供氧不充足时，碳元素化合不充分，便形成显光和熏烟的火焰。

某些无机物的微粒也能决定和影响火焰的显光特性和颜色。如果在火焰中引进某些其他元素或固体微粒，则火焰的颜色就主要取决于这种固体微粒。例如，在火焰中引进锶盐（Sr^{2+}），则火焰变为红色；而引进钠盐（Na^+），则火焰变为黄色。

部分无机物的微粒影响火焰颜色如下：

Na 或 Na^+——黄色火焰；

K 或 K^+——浅紫色火焰；

Ca 或 Ca^{2+}——砖红色火焰；

Ba 或 Ba^{2+}——黄绿色火焰；

Sr 或 Sr^{2+}——红色火焰；

Cu 或 Cu^{2+}——绿色火焰；

Al、Mg——白色火焰；

S 或 H_2S——淡蓝色火焰；

P——黄色或黄绿色火焰。

由于上述这些微粒在加热时能发出它本身的特征颜色，因此信号灯、信号弹、照明弹、焰火剂等就是根据这一原理制成的。

（三）供氧条件

如果把纯氧引入火焰内部，则原来显光的火焰就会变成不显光的火焰，而有熏烟的火焰，也会变成无熏烟的火焰。例如，乙炔在空气中燃烧时产生熏烟，而在纯氧中则无熏烟。

三、火焰对灭火工作的影响

一般说来，可燃物着火都有火焰形成，火焰温度与火焰颜色、亮度等有关。火焰温度越高，火焰越明亮，辐射强度越高，对周围可燃物和人员的威胁就越大。因此，在火场上可以根据火焰特征采取相应措施。

（1）由于大多数可燃物燃烧都有火焰形成，所以在火场上根据火焰即可认定起火部位和范围。

（2）根据火焰颜色，可大致判定出燃烧的物质，以便灭火时心中有数。

（3）根据火焰大小与流动方向，可估计其燃烧速率和火势蔓延方向，以便及时确定灭火救援的最佳方案（含主攻方向、灭火力量与灭火剂等），迅速扑灭火灾，减少损失。

（4）掌握不显光火焰的特点，可防止火势扩大和灼伤人员。由于有些物质，如甲酸（HCOOH）、甲醇（CH_3OH）、二硫化碳（CS_2）、甘油、硫、磷等燃烧的火焰颜色呈蓝（黄）色，白天不易看见，这对灭火工作是不利的。因此，在扑救这类物质火灾时，一定要注意流散的液体是否着火，防止火势扩大和发生烧伤事故。

【思考题】

1. 简述不同状态的可燃物的火焰结构与特点。
2. 试判断下列物质燃烧时的火焰特征：甲酸、甲醇、丙酮、苯、乙炔、一氧化碳、乙酸。
3. 简述火焰对灭火工作的影响。

第五节　燃烧热及燃烧温度

【学习目标】

1. 了解燃烧温度和热释放速率的计算及其对火灾发展的影响。
2. 熟悉热值、燃烧温度的概念和分类。
3. 掌握纯净物热值的计算方法。

释放热量和产生高温产物是燃烧反应的主要特征。燃烧产物分为完全燃烧产物和不完全燃烧产物。完全燃烧产物是指可燃物中的 C 变成 CO_2（气）、H 变成 H_2O（液）、S 变成 SO_2（气）；而 CO、NH_3、醇类、酮类、醛类等是不完全燃烧产物。燃烧产物的温度取决于燃烧产物的热容和燃烧释放的热量。

一、燃烧热和热值

（一）燃烧热

燃烧热是指在常温常压（25℃、101kPa）下，1mol 的可燃物完全燃烧生成稳定的化合物时所释放出的热量。如果体系发生反应，参加反应的各物质在化学成分发生变化的同时，伴随着系统内能量的变化。这种反应前后能量的差值以热的形式向环境散失或从环境中吸收，散失或吸收的热量就是反应热。对于燃烧反应，反应热等于燃烧热。根据化学热力学理论，对于定温恒压过程，反应热等于系统的焓变；对于定温定容过程，反应热等于系统内能的变化。

反应热的计算，可由盖斯定律求得。根据盖斯定律，对于任一定温恒压反应，反应热可由式（1-9）、式（1-10）计算得出，即

$$\Delta H^{\ominus}_{r,\,m}(T)=\left\{\sum v_B \Delta_f H^{\ominus}_B(\beta,\ T)\right\}_{产物} - \left\{\sum v_B \Delta_f H^{\ominus}_B(\beta,\ T)\right\}_{反应物} \tag{1-9}$$

$$\Delta H^{\ominus}_{r,\,m}(T)=\left\{\sum v_B \Delta_c H^{\ominus}_B(\beta,\ T)\right\}_{反应物} - \left\{\sum v_B \Delta_c H^{\ominus}_B(\beta,\ T)\right\}_{产物} \tag{1-10}$$

式中　$\Delta H^{\ominus}_{r,\,m}(T)$——$T$ 温度下的标准恒压反应热（kJ）；

v_B——参加反应物质的反应常数；

$\Delta_f H^{\ominus}_B(\beta,\ T)$——反应体系中化合物 B 的标准摩尔生成焓（kJ/mol）；

$\Delta_c H^{\ominus}_B(\beta,\ T)$——反应体系中化合物 B 的标准摩尔燃烧焓（kJ/mol）；

在温度 T 的标准态下，由稳定相态的单质生成 1molβ 相的化合物的焓变，即化合物 $B(\beta)$ 在 T 温度下的标准摩尔生成焓 $\Delta_f H^{\ominus}_B(\beta,\ T)$。符号中的下标 f 表示生成反应，括号中的 β 表示 B 的相态。$\Delta_f H^{\ominus}_B(\beta,\ T)$ 的常用单位是 J/mol 或 kJ/mol。表 1-7 列出了一些常见物质的标准摩尔生成焓。

表 1-7　常见物质的标准摩尔生成焓（25℃）

物质名称	$\Delta_f H^{\ominus}_m$ /（kJ/mol）	物质名称	$\Delta_f H^{\ominus}_m$ /（kJ/mol）	物质名称	$\Delta_f H^{\ominus}_m$ /（kJ/mol）
氢（g）	0	氧（g）	0	甲苯（g）	50.00
一氧化碳（g）	−110.53	氮（g）	0	甲醇（g）	−200.7
甲烷（g）	−74.811	碳（石墨）	0	甲醇（l）	−238.7
乙炔（g）	226.7	碳（钻石）	1.897	乙醇（g）	−235.1
苯（g）	82.93	水（g）	−241.82	乙醇（l）	−277.7
苯（l）	48.66	水（l）	−285.83	丙酮（l）	−248.2
丙烷（g）	−103.8	乙烷（g）	−84.68	甲酸（l）	−424.72
二氧化碳（g）	−393.51	丙烷（g）	−103.8	乙酸（l）	−484.5

在温度 T 的标准态下，由 1molβ 相的化合物 B 与氧气完全氧化反应的焓变，为物质 $B(\beta)$ 在 T 温度下的标准摩尔燃烧焓 $\Delta_c H^{\ominus}_B(\beta,\ T)$，符号中的下标 c 表示燃烧反应，括号中的 β 表示 B 的相态。$\Delta_c H^{\ominus}_B(\beta,\ T)$ 的常用单位是 J/mol 或 kJ/mol。表 1-8 列出了一些常见物质的标准摩尔燃烧焓。

表 1-8　常见物质的标准摩尔燃烧焓（25℃）

物质名称	$\Delta_c H^{\ominus}_m$ /（kJ/mol）	物质名称	$\Delta_c H^{\ominus}_m$ /（kJ/mol）	物质名称	$\Delta_c H^{\ominus}_m$ /（kJ/mol）
氢（g）	285.83	乙炔（g）	1299.6	丙酮（l）	1790.4
一氧化碳（g）	283.0	苯（l）	3267.5	乙酸（l）	874.54
甲烷（g）	890.31	苯乙烯（g）	4437	萘（s）	5153.9
乙烷（g）	1559.8	甲醇（l）	726.51	氯甲烷（g）	689.10
乙烯（g）	1411.0	乙醇（l）	1366.8	硝基苯（l）	3091.2

【例题 1-6】已知焦炉煤气的组成为：CO—6.8，H_2—57，CH_4—22.5，C_2H_4—3.7，CO_2—2.3，N_2—4.7，H_2O—3（均为体积百分数，%），求焦炉煤气的标准摩尔燃烧焓。

解：查表 1-8，得该煤气中各组分的标准摩尔燃烧焓分别为 $\Delta_cH_m^\ominus$（CO，g，298K）=283.0kJ/mol；$\Delta_cH_m^\ominus$（H_2，g，298K）=285.83kJ/mol；$\Delta_cH_m^\ominus$（CH_4，g，298K）=890.31kJ/mol；$\Delta_cH_m^\ominus$（C_2H_4，g，298K）=1411.0kJ/mol。

由式（1-10）得该煤气的标准燃烧热为

$$\Delta_cH_m^\ominus=283.0\times0.068+285.83\times0.57+890.31\times0.225+1411.0\times0.037$$
$$=434.69（kJ/mol）$$

（二）热值

对于很多可燃物，例如煤、木材、棉花、纸张、汽油等，由于没有确定的分子式，其摩尔质量无法确定，因此在实际计算中往往使用热值来表示燃烧热的大小。

热值是热的另一种表示形式，在工程上常使用。所谓热值是指单位质量或单位体积的可燃物完全燃烧时所释放出的热量，又称发热量，通常用 Q 表示。对于液态和固态可燃物，表示为质量热值 Q_m，单位为 kJ/kg；对于气态可燃物，表示为体积热值 Q_V，单位为 kJ/m³。

燃烧热和热值的本质相同，但表示单位不同。它们之间可以相互换算。热值有高热值和低热值之分。当可燃物中的水和氢元素燃烧生成的水以液态存在时的热值称为高热值（Q_H），当可燃物中的水和氢元素燃烧生成的水以气态存在时的热值称为低热值（Q_L）。由于水从气态变为液态要释放出热量（即汽化热），故高热值比低热值高。在试验条件下测得的热值就是高热值，而在火灾燃烧计算中，常用低热值。

对于气态纯净物的高热值 Q_H 和低热值 Q_L，可通过下列两个经验公式进行计算，即

$$Q_H=\frac{1000\times\Delta H_c^\ominus}{22.4}（kJ/m^3）\tag{1-11}$$

$$Q_L=Q_H-1009MH\%（kJ/m^3）\tag{1-12}$$

式中　$\Delta H_c^\ominus$——1mol 可燃气体在 25℃，1atm 条件下的燃烧热（kJ/mol）；

　　　M——可燃气体的分子量；

　　　$H\%$——可燃气体中氢元素的质量百分比含量。

【例题 1-7】试求甲烷的高热值 Q_H 和低热值 Q_L。

解：甲烷的分子量为 16，含氢量 25%，从表 1-8 中查出甲烷的 Δ_cH_m=890.31kJ/mol，将已知数据代入式（1-11）和式（1-12），得

$$Q_H=\frac{1000\times890.31}{22.4}\approx39746（kJ/m^3）$$

$$Q_L=39746-1009\times16\times25\%=39746-4036=35710（kJ/m^3）$$

答：甲烷的高热值 Q_H 为 39746kJ/m³，低热值 Q_L 为 35710kJ/m³。

对于液、固态单质或化合物的高热值 Q_H 和低热值 Q_L，也可通过下列两个经验公式进行计算，即

$$Q_H=\frac{1000\times\Delta H_c^\ominus}{M}（kJ/kg）\tag{1-13}$$

$$Q_L = Q_H - 22610H\% \text{（kJ/kg）} \tag{1-14}$$

式中　$\Delta H_c^\ominus$——1mol 可燃液、固体在 25℃，1atm 条件下的燃烧热（kJ/mol）；

　　　　M——可燃液、固体的分子量；

　　　　$H\%$——可燃液、固体中氢元素的质量百分比含量。

【例题 1-8】试求乙醇的高热值 Q_H 和低热值 Q_L。

解：乙醇的分子量为 46，含氢量 13%，从表 1-8 中查出乙醇的 $\Delta H_c^\ominus$=1366.8kJ/mol，将已知数据代入公式（1-13）和（1-14），得

$$Q_H = \frac{1000 \times 1366.8}{46} \approx 29713 \text{（kJ/kg）}$$

$$Q_L = 29713 - 22610 \times 13\% = 29713 - 2939.3 \approx 26774 \text{（kJ/kg）}$$

答：乙醇的高热值 Q_H 为 29713kJ/kg，低热值 Q_L 为 26774kJ/kg。

根据化学热力学提供的燃烧数据，利用式（1-11）、式（1-13）可方便求出相应的质量热值和体积热值。但对于很多固态和液态可燃物，如石油、煤炭、木材等，分子结构很复杂，摩尔质量很难确定。因此，它们燃烧放出的热量一般只用质量热值表示，且通常采用经验公式计算。最常用的门捷列夫经验公式为

$$Q_H = 4.18 \times [8100C + 30000H - 2600 \times (O + N - S)] \text{（kJ/kg）} \tag{1-15}$$

$$Q_L = Q_H - 600 \times (9H + W) \times 4.18 \text{（kJ/kg）} \tag{1-16}$$

式中　C、H、S 和 W——可燃物中碳、氢、硫和水的质量分数；

　　　　O——可燃物中氧和氮的质量分数之和。

【例题 1-9】已知木材的组成为 C—43%、H—7%、O—41%、N—2%、H_2O—7%，试求 4kg 木材燃烧的高热值 Q_H 和低热值 Q_L。

解：将已知数据代入式（1-15）和式（1-16）得

$$Q_H = 4.18[8100 \times 43\% + 30000 \times 7\% - 2600(41\% + 2\%)] \approx 18664 \text{（kJ/kg）}$$

$$Q_L = 18664 - 4.18 \times 600(9 \times 7\% + 7\%) \approx 16908 \text{（kJ/kg）}$$

4kg 木材燃烧的高热值 Q_H 为 4×18664=74656kJ；低热值 Q_L 为 4×16908=67732kJ。

在实际火灾中，除氢气的热值较高外，很少遇到热值小于 12000kJ/kg 和大于 50000kJ/kg 的可燃物质。表 1-9 和表 1-10 分别列出了某些可燃气体和某些可燃固体、液体的热值。

表 1-9　某些可燃气体的热值

可燃气体	高热值		低热值	
	kJ/kg	kJ/m³	kJ/kg	kJ/m³
氢气	141900	12770	119480	10753
乙炔	49850	57873	48112	55856
甲烷	55720	39861	50082	35823
乙烯	49857	62354	46631	58321
乙烷	51664	65605	47280	58160
丙烯	49852	87030	45773	81170
丙烷	50208	93720	46233	83470
丁烯	48367	115060	45271	107530
丁烷	49370	121340	45606	108370
戊烷	49160	149790	45396	133890
一氧化碳	10155	12694	—	—
硫化氢	16778	25522	15606	24016

表 1-10 某些可燃固体和液体的燃烧热值

燃料名称	热值/（kJ/kg）	燃料名称	热值/（kJ/kg）
木材	7106～14651	无烟煤	31380
天然纤维	17360	褐煤	18830
石蜡	46610	焦炭	31380
淀粉	17490	炼焦煤气	32640
苯	40260	照明用煤气	20920
甲苯	40570	酒精	29290
航空燃料	43300	芳香烃浓缩物	41250
煤油	41382～46398	汽油	43510
烷烃浓缩物	43350	柴油	52050
环烷烃-烷烃浓缩物	43100	重油	41590
合成橡胶	45252	棉花	15700
聚苯乙烯	48967	聚乙烯	47137
天然橡胶	44833	聚氨酯泡沫	24302

在火灾条件下，可燃材料完全燃烧所需要的空气通常并不能完全进入燃烧的化学反应区。所以，火灾条件下的燃烧常常是不完全的。因此火灾时燃烧放出的热量比表中的数据略低。

（三）热值的估算

对火灾中常见的可燃物进行试验发现，绝大多数物质在完全燃烧时消耗单位体积的氧气时所产生的热量是一个常数：$17.1×10^3kJ/m^3$（25℃），其误差在±5%以内。如果测得某物质燃烧时所消耗的氧气的体积，则可很容易估算出该物质燃烧时所释放出的热量。

火灾中常见可燃物完全燃烧时消耗单位体积的氧气所产生的热量见表 1-11。

表 1-11 火灾中常见可燃物完全燃烧时消耗单位体积的氧气所产生的热量

物质名称	热量/kJ	物质名称	热量/kJ	物质名称	热量/kJ
纤维素	$17.79×10^3$	聚异丁烯	$16.72×10^3$	聚乙烯	$16.56×10^3$
棉花	$17.82×10^3$	聚丁二烯	$17.00×10^3$	聚丙烯	$16.57×10^3$
报纸	$17.54×10^3$	聚苯乙烯	$16.98×10^3$	甲烷	$16.42×10^3$
木材	$16.38×10^3$	聚氯乙烯	$16.81×10^3$	苯	$17.10×10^3$
褐煤	$17.17×10^3$	有机玻璃	$16.99×10^3$	—	—
煤沥青	$17.68×10^3$	聚丙烯腈	$17.81×10^3$	平均值	$17.09×10^3$

二、燃烧温度

可燃物在燃烧时所放出的热量，除小部分通过传导、对流、辐射等方式向燃烧体系环境传递外，大部分用于加热燃烧产物，所以燃烧产物所具有的温度也就是物质的燃烧温度，也称为火焰温度。在实际火灾中，物质的燃烧温度不是固定不变的，而是随着可燃物的种类、氧气供给情况、散热条件等因素的变化而变化。物质的燃烧温度有绝热燃烧温度和实际燃烧温度之分。

（一）绝热燃烧温度

为了便于比较各种可燃物在一定条件下燃烧时所能达到的最高温度，一般引入绝热燃烧温度的概念。绝热燃烧温度是指可燃物与空气在绝热条件下完全燃烧时，燃烧释放的热量全部都传递给燃烧产物，使燃烧产物达到的最高温度。为了比较不同物质的燃烧温度，对燃烧条件做如下统一规定：

（1）燃烧的初始温度已知。

（2）可燃物完全燃烧。

（3）可燃物与空气符合化学计量比配比。

（4）燃烧是绝热的，即燃烧反应放出的热量全部转化为燃烧产物的热焓增加。

（5）燃烧是在恒压条件下进行的。对于开放空间着火，可燃物在火场上燃烧时，燃烧产物不断向周围扩散膨胀，所以火场上压力没有多大增加，基本上保持初始压力。

根据热平衡原理，绝热燃烧温度可用式（1-17）计算，即

$$T_{理} = \frac{Q_L}{\sum \overline{C}_i V_i} \tag{1-17}$$

式中　　$T_{理}$——绝热燃烧温度（℃）；

　　　　Q_L——可燃物的低热值（kJ/kg 或 kJ/m³）；

　　　　$\overline{C}_i$——第 i 种燃烧产物的平均热容（kJ/m³·℃）；

　　　　V_i——第 i 种燃烧产物的体积（m³）。

由于 $\overline{C}_i$ 在恒压和恒容下数值不同，故有绝热等压过程（如露天火灾时）和绝热等容过程（如密闭容器内燃烧）的计算方法。

需要指出的是，可燃物的低热值 Q_L 与其绝热燃烧温度 $T_{理}$ 不都是成正比。例如，氢气的低热值（10753kJ/m³）大大低于液化石油气的低热值（38409kJ/m³），而氢气的绝热燃烧温度（2130℃）却比液化石油气（2120℃）的高；但天然气的低热值比焦炉煤气的高，其绝热燃烧温度也高。燃烧产物的生成量和其成分对绝热燃烧温度也有很大的影响。表 1-12 列出了部分物质的燃烧温度。

表1-12　部分物质的燃烧温度

物质	燃烧温度/℃	物质	燃烧温度/℃
碳氢化合物		煤及其他产品	
甲烷	1800	烟煤	1647
乙烷	1895	氢气	2130
丙烷	1982	煤气	1600～1850
丁烷	1977	木材	1000～1177
戊烷	1965	镁	3000
己烷	2032	钠	1400
苯	2071	石蜡	1427
乙炔	2127	一氧化碳	1680
醇类		硫	1820
甲醇	1100	二氧化碳	2195
乙醇	1180	液化气	2110
石油及其产品		天然气	2020
原油	1000	石油气	2120
汽油	1200	磷	900
煤油	700～1030	氨	700
重油	1000		

（二）实际燃烧温度

实际燃烧温度是指可燃物在实际条件下燃烧的产物温度，也包括火场条件下的燃烧温度。由于在火场条件下物质燃烧都进行得不完全，并且对周围的传热很多，所以实际燃烧温度总是低于绝热燃烧温度。例如，松树的绝热燃烧温度为 1605℃，而实际的燃烧温度仅为 1090℃。由于散热条件、可燃物与助燃物的比例、可燃物与助燃物在燃烧前的预热情况以及完全燃烧程度等因素的影响，实际中可燃物的燃烧温度也不是一个固定值。

（三）影响燃烧温度的主要因素

1．可燃物的种类

不同的可燃物，由于其热值不同，在相同条件下燃烧时，其燃烧温度也不相同。例如，酒精火焰 1180℃，二硫化碳火焰 2195℃，煤油灯火焰 780～1030℃，火柴火焰 500～650℃，燃烧的烟卷 700～800℃。当然，燃烧温度并不是单一的与可燃物的热值有关，还与燃烧产物有关。一般情况下，Q_L 增加时，燃烧产物的体积 $V_{产}$ 也是增加的，$T_{理}$ 的增加幅度则主要看 $Q_L/V_{产}$ 比值的增加幅度。

2．通风系数（α）

通风系数影响燃烧产物的生成量和成分，从而影响燃烧温度。绝热燃烧温度规定的条件是 $\alpha=1$，在保证可燃物完全燃烧的情况下，若 α 值越大，$T_{理}$ 则越低。

3．可燃物与空气的预热温度

可燃物与空气的预热温度越高，燃烧温度也就越高。根据实验，只要把燃烧用的空气预热，就能显著提高燃烧温度，而且对热值高的可燃物的效果更为明显。例如，对发生炉煤气和高炉煤气，当空气预热温度提高 200℃，则可提高燃烧温度约 100℃；而对于重油、天然气等燃料，预热温度提高 200℃，则可提高燃烧温度约 150℃。

4．空气的富氧程度

可燃物在氧气或富氧空气中燃烧时，其燃烧温度要比在空气中燃烧时要高。例如，氢气在空气中燃烧时，火焰的最高温度为 2130℃，而在纯氧中燃烧时，火焰的最高温度可达 3150℃。

知道了可燃物的燃烧温度，可以大体上确定火灾危险性大小，据以采取相应的预防措施。一般而言，可燃物的燃烧温度越高，火灾危险性就越大，起火后火势发展蔓延速率也就越快。

三、燃烧速率、热释放速率

（一）燃烧速率

可燃固体一旦被引燃，火焰就会在其表面或浅层传播。为维持稳定燃烧，体系得到的热量至少等于体系向环境散失的热量。根据能量守恒定律可以得出能量守恒方程式为

$$\dot{Q}_E + \dot{Q}_F = \dot{Q}_L + G_S L_V \tag{1-18}$$

将式（1-18）变形，可得到可燃固体的燃烧速率为

$$G_S = \frac{\dot{Q}_E + \dot{Q}_F - \dot{Q}_L}{L_V} \qquad (1-19)$$

式中　G_S——可燃固体的质量燃烧速率[g/（$m^2 \cdot s$）];

　　　$\dot{Q}_E$——固体表面面积上的加热速率[kJ/（$m^2 \cdot s$）];

　　　$\dot{Q}_L$——固体表面向外界散失的热量[kJ/（$m^2 \cdot s$）];

　　　L_V——固体的分解热（kJ/g）;

　　　$\dot{Q}_F$——燃烧火焰供给固体的热通量[kJ/（$m^2 \cdot s$）]。

Q_F 由辐射热通量和对流热通量组成，而且二者的份额随着燃烧面积大小而变化。除了燃烧火焰不光亮的固体（如苯甲醛）外，在大面积（直径大于 1m）的燃烧中，火焰向固体表面传热以辐射为主。

假如在点燃可燃固体后撤去外部提供给固体表面的热通量，可燃固体的燃烧速率可由式（1-20）计算，即

$$G_S = \frac{\dot{Q}_F - \dot{Q}_L}{L_V} \qquad (1-20)$$

（二）热释放速率

材料的热释放速率是指在规定的试验条件下，单位时间内材料燃烧所释放的热量。20 世纪 70 年代人们认为热释放速率是表征火灾的重要参数之一，20 世纪 80 年代晚期人们已经意识到热释放速率是表征火灾危险性的唯一重要参数，主要原因有三：一是热释放速率是火灾发展的驱动力，通过积极热反馈的形式表现出来，即"热生热"，输入一定热量则产生更多的热量。二是其他大多数参数与热释放速率相关。大多数其他火灾产物都有随热释放速率上升而增加的趋势。烟气、毒性气体、房间温度以及其他火灾危险变量通常与热释放速率的发展变化而变化。例如，评价材料燃烧产物毒性的参数毒性效率（即吸入 1g 量产生的毒性效应）的大小由火灾中材料的质量损失速率控制，而质量损失速率则与火灾的热释放速率密切相关。显然，热释放速率越大，质量损失速率越大，单位时间内吸入的毒性气体越多，毒性效力越多。三是热释放速率越大，意味着对生命安全的威胁越大。热释放速率越高就暗示火场温度和辐射热量越高，对周围人群的生命安全威胁越大，火灾发展蔓延速率也越快。

现代火灾科学研究表明，材料的热释放速率是火灾危害分析中重要的因素，它不仅对火灾发展起决定作用，而且还影响其他火灾灾害因素，它已成为了解火灾发展基本过程和危害的最重要参数之一。材料的热释放速率也是材料燃烧性能中最重要的参数。如果知道火灾中可燃物的质量燃烧速率，热释放速率可由式（1-21）计算，即

$$\dot{q}_c = G_S \Delta H_c A_F \mu \qquad (1-21)$$

式中　$\dot{q}_c$——可燃固体的释热速率（kJ/s）;

　　　A_F——燃烧固体的表面积（m^2）;

　　　μ——放热系数，部分可燃固体的放热系数见表 1-13。

表 1-13　部分可燃固体的放热系数

固体名称	Q_E/（kW/m²）	μ	$\mu_{对流}$	$\mu_{辐射}$
纤维素	52.4	0.716	0.351	0.365
聚甲醛	0	0.755	0.607	0.148
聚甲基丙烯酸甲酯	0	0.867	0.622	0.245
	39.7	0.710	0.340	0.370
聚丙烯	0	0.752	0.548	0.204
	39.7	0.593	0.233	0.360
聚苯乙烯	0	0.607	0.385	0.222
	39.7	0.464	0.130	0.334
聚氯乙烯	52.4	0.357	0.148	0.209

假设可燃固体表面接收的净热通量为 Q_{net} 则有

$$\dot{Q}_{net} = \dot{Q}_E + \dot{Q}_F - \dot{Q}_L \tag{1-22}$$

结合式（1-19）、式（1-21）和式（1-22）得

$$\dot{q}_c = \dot{Q}_{net} A_F \mu \left(\frac{\Delta H_c}{L_V} \right) \tag{1-23}$$

式（1-23）表明，固体燃烧释热速率与比值 $\Delta H_c/L_V$ 的关系十分密切。与 ΔH_c 或 L_V 比较，$\Delta H_c/L_V$ 能更好地反映固体稳定燃烧特性。表 1-14 列出部分可燃固体的 $\Delta H_c/L_V$ 值。值得注意的是，ΔH_c 是指在标准状况下，可燃物质完全燃烧释放的热量，但在实际火灾中，可燃物大多不会发生完全燃烧，燃烧热不符合火灾实际，且火灾中可燃物的组成变化很大，热值很不固定。因而应通过实验来认识可燃物质的火灾燃烧特性，实体实验是火灾研究中最主要也是最可靠的方法。但实体实验的花费相当大，特别是火灾实验是破坏性实验，燃烧物品过火后基本上不能再使用，因此，利用较实物小许多倍的小型实验取得数据，且实验结果与大型燃烧实验结果之间存在良好相关性的实验方法及仪器设备受到了人们的关注。锥形量热仪（CONE）与大型实验结果相关性好，它的出现使研究工作大为改观。锥形量热仪（CONE）是以氧消耗原理为基础的新一代聚合物材料燃烧测定仪，由锥形量热仪获得的可燃材料在火灾中的燃烧参数有多种，其中包括释热速率（RHR）、总释放热（THR）、有效燃烧热（EHC）、点燃时间（TTI）、烟及毒性参数和质量变化参数（MIR）等。锥形量热仪（CONE）目前已成为实验室研究释热速率的主要方法。

表 1-14　部分可燃固体的 $\Delta H_c/L_V$ 值

可燃物	$\Delta H_c/L_V$	可燃物	$\Delta H_c/L_V$
硬质聚氨酯泡沫塑料（43）	5.14	聚甲基丙烯酸甲酯（粒状）	15.46
聚氧化甲烯（粒状）	6.37	甲醇（液体）	16.50
硬质聚氨酯泡沫塑料（37）	6.54	软质聚氨酯泡沫塑料（25）	20.03
轻质聚氨酯泡沫塑料（1-A）	6.63	硬质聚苯乙烯泡沫塑料（47）	20.51
聚氯乙烯（粒状）	6.66	聚丙烯（粒状）	21.37
含氯 48% 的聚氯乙烯（粒状）	6.72	聚苯乙烯（粒状）	23.04
硬质聚氨酯泡沫塑料（29）	8.37	硬质聚苯乙烯泡沫塑料（4）	27.23
轻质聚氨酯泡沫塑料（27）	12.26	硬质聚苯乙烯泡沫速率（53）	30.02
尼龙（粒状）	13.10	苯乙烯（液体）	63.30
轻质聚氨酯泡沫塑料（21）	13.34	庚烷（液体）	92.83

锥形量热仪（CONE）测定样品较小，标准实验的尺寸为 10cm×10cm，然而建筑物内使用

的物品基本上都是由多种材料组成的，具有较大的质量和体积，其释热特性是锥形量热仪（CONE）无法反映的。于是在锥形量热仪（CONE）的基础上发展起来家具量热仪，家具量热仪测定的数据很接近实际火灾环境的结果，有很大的使用价值。表 1-15 为部分小尺寸电缆试样的释热速率峰值，利用这些有价值的数据可以研究可燃物品在火灾中的发展蔓延规律。

表 1-15　部分小尺寸电缆试样的释热速率峰值

试样号	电缆材料	释热速率/kW
20	聚四氟乙烯	98
21	聚硅氧烷与玻璃丝编织衬垫	128
10	PE、PP/Cl.S.PE	177
14	XPE/XPE	178
22	聚硅氧烷、玻璃丝编织衬垫、石棉	182
16	XPE/Cl.S.PE	204
18	PE、尼龙/PVC、尼龙	218
19	PE、尼龙/PVC、尼龙	231
15	FRXPE/Cl.S.PE	258
11	PE、PP/Cl.S.PE	271
8	PE、PP/Cl.S.PE	299
17	XPE/氯丁橡胶	302
3	PE/PVC	312
12	PE、PP/Cl.S.PE	345
2	XPE/氯丁橡胶	354
6	PE/PVC	359
4	PE/PVC275	395
13	XPE/FRXPE	475
5	PE/PVC	589
1	idPE	1071

【思考题】

1. 试计算乙烯的高热值和低热值。
2. 试计算甲苯的高热值和低热值。
3. 试计算甲醛的高热值和低热值。
4. 影响燃烧温度的因素有哪些？

第六节　燃烧过程中的热量传递

【学习目标】

1. 熟悉热传递对火灾的影响。
2. 掌握热传递的方式及其影响因素。

由于温度差而引起热量传递的过程，称为传热或热传播。燃烧放出的热量，以热传导、热对流和热辐射三种方式向未燃物和周围环境传递，使未燃物温度升高、分子活化、反应加速，从而引起燃烧，推进火灾向前发展。因此燃烧热即是燃烧的产物，又是继续燃烧的条件。火灾发生、发展的整个过程中始终伴随着热的传播，火场上的热传播是促使火势发展蔓延的主要因素。

一、热传导

热传导又称导热，属于接触式传热，是连续介质直接传递热量而又没有各部分之间相对的宏观位移的一种传热方式。从微观的角度讲，之所以发生导热现象，是由于微观粒子（分子、原子或它们的组成部分）的碰撞、转动和震动等热运动引起能量从高温部分传到低温部分。在固体内部，只能依靠热传导的方式传热；在流体中，尽管有导热现象发生，但通常被热对流运动所掩盖。

（一）影响热传导的因素

设有表面积为 F 的一块平板（或墙），如图 1-4 所示，厚度为 d，两侧表面的温度各为 T_1 和 T_2。

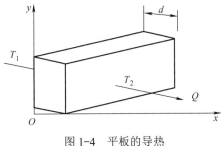

图 1-4　平板的导热

实验证明，单位时间内通过平板所传递的热量 Q 跟表面积 F、两侧表面的温差 ΔT（即 T_1-T_2）和时间 t 成正比，跟厚度 d 成反比，即

$$Q = \lambda \frac{\Delta T}{d} Ft \tag{1-24}$$

式中　λ——材料的导热系数[W/（m·k）]。

式（1-24）称为导热定律，又称傅里叶定律。从导热定律中可以看出影响热传导的因素主要有四个方面。

1. 温度差

温度差是热量传导的推动力。式中 $\dfrac{\Delta T}{d}$ 表示在导热方向单位距离上的温度变化，称为温度梯度。单位时间内传导的热量 Q 与温度梯度成正比，也就是温差越大，导热方向的距离越小，则传导的热量也越多。在火场上，燃烧区温度越高，传导出的热量越多。

2. 导热系数

导热系数 λ（也称热导率）是指在稳定传热条件下，1m 厚的材料，两侧表面的温差为 1K 或 1℃，在 1s 内，通过 1m² 面积传递的热量，用 λ 表示，单位为 W/（m·K）或 W/（m·℃）。导热系数表示物质的导热能力，即单位温度梯度时通过单位面积的热通量。不同物质的导热系数不同，同种物质的导热系数也会因材料的结构、密度、湿度、温度等因素的变化而变化。固体物质是强的导热体，液体物质次之，气体物质最弱。但固体物质是多种多样的，其热传导能力也各有不同。金属物质一般都是热的良导体，玻璃、木材、棉毛制品、羽毛、毛皮等非金属物品都是热的不良导体。石棉的导热性能较差，常作为绝热材料。通常将 $\lambda<0.837$W/（m·k）的材料称为隔热材料。表 1-16 列出了常用材料在常温条件下的导热系数。

表 1-16　常用材料在常温条件下的导热系数

材料名称	导热系数 λ[W/（m·k）]
空气	0.023
水	0.58
冰	2.3

（续）

材料名称	导热系数 λ[W/（m·k）]
木材	0.17~0.40
钢材	58.2
混凝土	0.50~1.74
水泥砂浆	0.93
矿棉板	0.064
矿棉水泥板	0.52
石膏板	0.33
膨胀防火涂料	膨胀后 0.02~0.05
防火隔热涂料	0.07~0.20

3．导热物体的厚度（距离）和截面积

导热物体的厚度（距离）d 越小，截面积 F 越大，传导的热量越多。如通过较厚墙壁传导的热量小于通过较薄墙壁的热量；通过截面积较大的物体传导的热量大于通过截面积较小物体传导的热量。

4．时间

在其他条件相同时，时间越长，传导的热量越多。有些隔热材料虽然导热性能差，但经过长时间的热传导，也能引起与其接触的可燃物燃烧。

（二）热传导与火灾

从消防观点来看，导热性良好的物质对灭火是不利的。火灾分区内燃烧产生的热量，经由导热性好的建筑构件或建筑设备传导，能蔓延到水平相邻或上下层房间，例如各种金属管壁都可以把火灾分区的燃烧热传至另一侧，使得相近的可燃、易燃物体燃烧，导致火场扩大。火灾通过热传导的方式蔓延，有两个特点：①火灾现场必须有导热性好的媒介，如金属构件；②蔓延的距离较近，一般只能是相邻的建筑空间。热传导导致火灾蔓延的规模是有限的。但为了制止由于导热而引起火势扩展，在火灾扑救中，应不断地冷却被加热的金属构件，并防止构件塌陷伤人；迅速疏散、清除或用隔热材料隔离与被加热的金属构件相靠近的可燃物，以防止火势扩大。

二、热对流

热对流又称对流，是指流体各部分之间发生的相对位移，冷热流体相互掺混引起热量传递的现象。热对流中热量的传递与流体流动有密切关系。由于流体存在温差，在发生对流的同时，也必然存在导热现象，但导热在整个传热中处于次要地位。

（一）热对流的分类

根据引起对流的原因，热对流可分为自然对流和强制对流；根据流动介质的不同，可分为气体对流和液体对流。

1. 自然对流和强制对流

自然对流是指流体的运动是由自然力引起的。自然对流传热的机理是，当流体的一部分被加热时，密度降低，由于密度差而产生了浮力，结果较轻的流体微团上升，较重的（较冷的）流体微团下沉，使流体产生对流，并把热量由高温区带到低温区。例如，高温设备附近空气受热膨胀向上流动及火灾中热气体（主要是气态燃烧产物）的上升流动，而冷（新鲜）空气则与其做相反方向流动。

强制对流是指流体微团的空间移动是由机械力引起的。例如，通过鼓风机、压气机、泵等使气体、液体产生强制对流。在发生火灾时，如果通风机械还在运行，就会成为火势蔓延的主要途径。使用防烟、排烟等强制对流设施，就能抑制烟雾扩散和自然对流；煤矿火灾用强制对流改变风流方向，可控制火势发展。

2. 气体对流和液体对流

（1）气体对流。气体对流对火灾的发展蔓延有着极其重要的影响。气体对流自动地维持燃烧的继续进行，而且燃烧越猛烈，它所引起的对流作用越强；反过来，对流作用越强，它将助长燃烧更猛烈地发展。因此，对流与燃烧的关系是燃烧引起了对流，对流助长了燃烧。

室内发生火灾时，气体对流的结果是在房间上部、顶棚下面形成一个热气层。由于热气体聚集在房间上部，如果顶棚或者屋顶是可燃结构，就有可能起火燃烧；如果屋顶是钢结构，就有可能在热烟气流的加热作用下逐渐减弱强度甚至垮塌。

总之，热气流（烟雾）的温度很高，它在流经途中能够加热可燃物甚至达到燃烧的程度，使火灾发生蔓延。一般而言，烟雾流动的方向就是火灾蔓延的方向，如果改变烟雾流动的方向，就会改变火灾蔓延的方向。

火灾中的热对流受许多因素的影响，主要有通风孔洞的面积和高度、温度等。通风孔洞越多，各个通风孔洞的面积越大、越高，对流速率越快；通风孔洞所处位置越高，对流速率越快；燃烧区的温度越高，它与环境温度的温度差越大，则燃烧区的热空气密度与非燃烧区冷空气密度相差越大，气体对流的速率就越快。

（2）液体对流。液体对流是指液体受热后，受热部分因体积膨胀、密度减小而上升，而温度较低、密度较大的部分则下降，就在这种运动的同时伴随着热量传递，最后使整个液体被加热。

液体对流对火势发展也有一定的影响。如果盛装在容器内的可燃性液体，当局部受热后，通过对流能使整个液体升温，蒸气挥发加快，压力增加，就有可能引起容器的爆裂，以致酿成火灾爆炸事故。轻质油不易产生热对流，燃烧主要以热辐射形式传到液面使之迅速蒸发燃烧，液面以下热对流较弱。

（二）热对流与火灾

热对流是火灾中热量传递的重要方式之一，尤其是发生在建筑内的火灾。它是影响初期火灾发展的最主要因素。

高温热气流能加热在它流经途中的可燃物，会引起新的燃烧；热气流能够往任何方向传递热量，但一般总是向上传播；由起火房间延烧至楼梯间、走廊，主要是热对流的作用；通过通风孔洞进行的热对流，可使新鲜空气不断流进燃烧区，使燃烧持续发生；含有水分的重质油品燃烧时，由于热对流的作用，容易发生沸溢或喷溅。

为了防止火势通过热对流发展蔓延，在火场中应设法控制通风口，冷却热气流（包括重质油品贮罐）或把热气流导向没有可燃物或火灾危险较小的方向。

三、热辐射

辐射是物体通过电磁波传递能量的过程。如果发射的辐射能是物体内部与温度有关的内能所转化的，则称热辐射。热辐射的波长在 0.1～100 微米的范围内。在该波长范围内的辐射线称为热辐射线，其大部分能量位于波长为 0.7～25 微米的红外线区段中。

辐射换热是物体之间通过热辐射交换能量的过程。但它与导热和对流不同，辐射换热的物体之间不需要任何介质接触。热辐射以电磁辐射的形式发出能量，温度越高，辐射越强。辐射的波长分布情况也随温度而变，如温度较低时，主要以不可见的红外光进行辐射，在 500℃以至更高的温度时，则顺次发射可见光以至紫外辐射。

热辐射现象在自然界中普遍存在。例如，太阳供给地球的大量能量就是靠辐射方式传递的。火场中可燃物燃烧的火焰，主要是以辐射的方式向周围传播热能。因此，防止热辐射，是阻止火势扩展和扑灭火灾的重要措施，例如在建筑防火中所设立的防火间距，主要是考虑防止火焰辐射引起相邻建筑着火的间隔距离。

（一）热辐射的特点

（1）发射辐射热是各类物质的固有特征。任何物体的温度只要大于绝对零度，它就能以电磁波的方式从表面放出辐射热。

（2）任何物体不但能从自己的表面发射辐射热，而且也可吸收其他物体发射的并投射到它表面的辐射热。

（3）热辐射过程伴随着能量形式的两次转化，即物体发射辐射热时，能转换为辐射能；物体吸收辐射热时，辐射能转换为热能。

（4）热辐射不需要通过任何介质，它能把热量穿过真空从一个物体传给另一个物体。

（5）当有两个物体并存时，温度较高的物体将向温度较低的物体辐射热能，直至两个物体温度渐趋平衡。

（6）辐射热辐射至另一物体表面上后，可能部分被吸收，部分被反射，还有部分可能穿透过去。

（二）影响热辐射的因素

根据斯蒂芬-玻尔兹曼定律，绝对温度为 T 的物体单位时间发射的能量为

$$Q = \varepsilon\sigma T^4 F \qquad\qquad (1-25)$$

式中　ε——辐射率，计算中可视为常数；

　　　F——发射表面积（m^2）；

　　　σT^4——从辐射物体表面发射出来的辐射强度，其中 σ 为斯蒂芬-玻尔兹曼常数，

　　　　　　$\sigma=5.67\times10^{-8}W/（m^2 \cdot K^4）$。

1．辐射物体的温度

理论和实验表明，辐射物体在单位时间内，单位表面积所发出的辐射热与热源表面的绝对温度的 4 次方成正比（即 $Q \infty T^4$）。

2．辐射热源与受辐射物体的距离

受辐射物体与辐射热源之间的距离越大，受辐射物体受到的辐射热越小，辐射热与距离的平方成反比（即 $Q \infty \dfrac{1}{d^2}$）。距离增加一倍，受到的辐射热减少到四分之一。

3．物体表面情况

物体的颜色越深，表面越粗糙，吸收的辐射热越多；表面光亮，颜色较淡，反射的辐射热越多；透明物体仅吸收一小部分辐射热，其余辐射热能穿透透明物体。

（三）热辐射与火灾

（1）火场上可燃物燃烧形成的火焰，主要以辐射的方式向周围传递热量。火焰温度越高、面积越大、辐射强度越大。一般而言，火场上火势发展到最猛烈的时候，也就是火焰辐射能力最强的时候，这不仅会促使已着火的物质迅速燃尽，而且还会在很短时间引起一定距离内的可燃物着火。

（2）辐射热作用于附近密闭容器（罐、瓶），会使容器内的气体或液体受热膨胀，当内部压力超过其耐压强度就有可能使容器爆炸（爆裂），导致可燃气体或液体外溢。

（3）为了防止和阻止火势通过热辐射发展蔓延，可采取下列基本措施：①在油罐壁上涂刷银粉；②在危险品仓库的窗户玻璃上涂抹白漆；③建筑物之间的防火间距满足规范要求；④石油化工塔群之间设置水幕；⑤灭火时利用移动屏障或水枪水帘遮断和减少辐射热；⑥设法冷却受到辐射热作用的物体；⑦疏散、隔离和消除受辐射热威胁的可燃物。

【思考题】

1．简述影响热传导的因素。

2．简述影响热辐射的因素。

3．简述热传播的三种方式对火灾的影响。

第七节　火 灾 烟 气

【学习目标】

1．了解火灾烟气的产生、蔓延路线与途径。

2．熟悉火灾烟气的特性。

3．掌握烟囱效应、火灾烟气对灭火救援的影响。

大多数燃烧都会产生火灾烟气，统计结果表明，火灾中 80%以上的遇难者是因吸入大量烟尘及有毒气体昏迷后致死的。火灾烟气具有遮光性、毒性、高温性、蔓延性等特性，对救助被困人员和火情控制都带来极大的困难，因此研究火灾中烟气的产生、性质、危害具有重要的意义。

物质高温分解或燃烧时产生的固体和液体微粒、气体，连同夹带和混入的部分空气形成的气流称为火灾烟气。火灾烟气是一种复杂的混合物，包括：①可燃物热解或燃烧产生的气相产物，如未燃燃气、水蒸气、CO、CO_2 及多种有毒或有腐蚀性的气体；②由于卷吸而进入的空气；③多种悬浮的微小固体颗粒和液滴，如游离碳焦油类粒子、高沸点物质的凝缩液滴等。

一、火灾烟气的产生

可燃物完全燃烧将转化为稳定的气相产物，但扩散燃烧很难实现完全燃烧。燃烧反应物的混合基本上由浮力诱导产生的湍流流动控制，其中存在着较大的组分浓度梯度。在氧浓度较低的区域，部分可燃挥发分将经历一系列的热解反应，从而导致多种组分分子生成。例如，多环芳香烃碳氢化合物和聚乙烯可认为是火焰中碳烟颗粒的前身。它们在燃烧过程中会因受热裂解产生一系列中间产物，中间产物还会进一步裂解成更小的"碎片"，这些小"碎片"会发生脱氢、聚合、环化，最后形成碳粒子。图 1-5 是聚氯乙烯形成碳烟粒子的过程。正是碳烟颗粒的存在才使扩散火焰发出黄光，这些小颗粒的直径约为 10～100nm，它们可以在火焰中进一步氧化。如果温度和氧浓度都不够高，它们便以碳烟的形式离开火焰区。

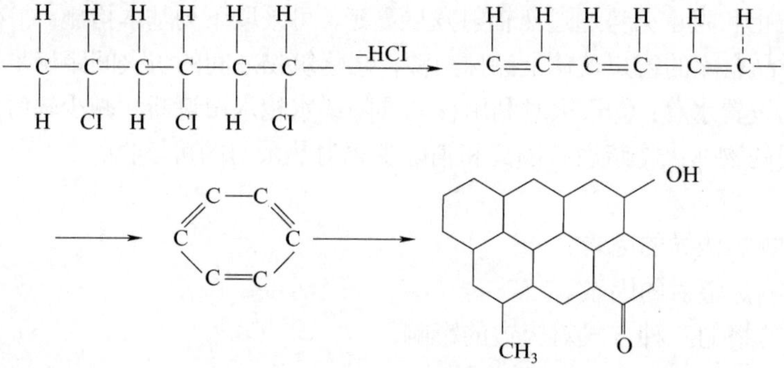

图 1-5　聚氯乙烯的发烟过程

二、火灾烟气成分的影响因素

火灾烟气的成分主要取决于发生热解或燃烧的可燃物本身的化学组成和燃烧条件。

（一）化学组成对火灾烟气成分的影响

可燃物的化学组成是决定烟气成分、发烟量、发烟速率与烟气毒性的主要因素。无机可燃物多数为单质，在空气中燃烧时，其产物为该单质元素的氧化物。如碳、氢、磷、硫等燃烧时，可分别生成 CO、CO_2、H_2O、P_2O_5、SO_2；氮在一般条件下不参加燃烧反应，呈游离态 N_2 析出，但在特定条件下，氮也能被氧化生成 NO 或与一些中间产物结合生成 NH_3、HCN 等。有机化合物主要元素是碳和氢,还可能含有氧、硫、磷、氮等元素。在空气中燃烧,可以生成 CO_2、H_2O、P_2O_5、SO_2 等完全燃烧产物;在空气不足或温度较低时燃烧,还会生成 CO、醛、酮、醇、醚、羧酸等不完全燃烧产物,这些不完全燃烧产物都有继续燃烧或爆炸的危险。塑料、橡胶、纤维等各种高分子材料的燃烧,除生成 CO_2 外,还会生成 HCl、NH_3、HCN、光气($COCl_2$)以及氮氧化物(NO_x)等有毒或有刺激性气体。建筑火灾中常见的可燃物及其主要燃烧产物见表 1-17。

表 1-17　建筑火灾中常见的可燃物及其主要燃烧产物

可燃物	燃烧产物
所有含碳可燃物	CO_2、CO
聚氨酯、硝化纤维等	NO、NO_2
硫及含硫类(橡胶)可燃物	SO_2
人造丝、橡胶、二硫化碳等	H_2S
磷类物质	P_2O_5、PH_3
聚氯乙烯、氟塑料等	HF、HCl、Cl_2
尼龙、三聚氰胺塑料等	NH_3、HCN
聚苯乙烯	C_6H_6
羊毛、人造丝等	羧酸类(甲酸、乙酸、己酸等)
木材、酚醛树脂、聚酯	醛类、酮类
高分子材料热分解	烃类(CH_4、C_2H_2、C_2H_4 等)

在相同条件下,各种可燃材料燃烧时的发烟量不一样。如建筑中装饰用的聚氯乙烯高分子有机材料,其产生的烟气量为木材的 3～5 倍;CO、甲醛、甲醚、甲醇等物质燃烧基本上不产生烟气。木材及木制品当温度达到 300℃ 以上时,随着温度升高,燃烧区分解出的碳质微粒减少,烟气量减少,而在相对高温时,高分子有机材料却能产生大量烟气。各种材料在不同温度时产生的烟气量见表 1-18。

表 1-18　各种材料在不同温度时产生的烟气量　　　　　(单位:m^3/g)

材料名称	300℃	400℃	500℃
松木	4.0	1.8	0.4
杉木	3.6	2.1	0.4
普通胶合板	4.0	1.0	0.4
难燃胶合板	3.4	2.0	0.6
硬质纤维板	1.4	2.1	0.6
锯木屑板	2.8	2.0	0.4
玻璃纤维增强塑料		6.2	401
聚氟乙烯		4.0	10.4
聚苯乙烯		12.6	10.0
聚氨酯(人造橡胶之一)		14.0	4.0

在相同条件下,各种可燃材料燃烧时的发烟速率不一样。单位时间内单位质量可燃物的发烟量称为发烟速率。表 1-19 是由实验得到的各种材料在不同加热温度时的发烟速率。可以看出,木材类在加热温度超过 350℃ 时,发烟速率一般随温度升高而降低。高分子有机材料的发烟速率在相近的温度范围内,则有所提高,而且高分子的发烟速率比木材要大得多,这是由于高分子有

机材料的发烟量大、燃烧速率快。

表 1-19　各种材料在不同加热温度时的发烟速率　　　[单位：m³/（s·g）]

材料名称	加热温度/℃					
	300	350	400	450	500	550
针枞	0.72	0.8	0.71	0.38	0.17	0.17
杉	0.61	0.72	0.71	0.53	0.13	0.13
普通胶合板	0.93	1.08	1.10	1.07	0.31	0.24
难燃胶合板	0.56	0.61	0.58	0.59	0.22	0.20
硬质板	0.76	1.22	1.19	0.19	0.26	0.27
微片板	0.63	0.76	0.85	0.19	0.15	0.12
苯乙烯泡沫板 A	—	1.58	2.68	5.92	6.90	8.96
苯乙烯泡沫板 B	—	1.24	2.36	3.56	5.34	4.46
聚氨酯	—	—	5.00	11.5	15.0	16.5
玻璃纤维增强塑料	—	—	0.50	1.00	3.00	0.50
聚氨乙烯	—	—	0.10	4.50	7.50	9.70
聚苯乙烯	—	—	1.00	4.95	—	2.97

（二）燃烧条件对火灾烟气成分的影响

燃烧条件是指环境的空间条件、供热条件和供氧条件。燃烧条件良好，燃烧一般进行得比较完全，生成的产物不能再发生燃烧，这种燃烧称为完全燃烧，其燃烧产物称为完全燃烧产物；反之，燃烧条件不好，燃烧进行得不完全，生成的产物还能再发生燃烧，这种燃烧称为不完全燃烧，其燃烧产物称为不完全燃烧产物。如碳素材料在燃烧条件良好时产生的烟气主要含 CO_2 和 H_2O；在发生阴燃时生成的烟气主要含碳粒和高沸点的液体薄雾，可以再次发生燃烧或爆炸。木材在空气供给充足的条件下燃烧，主要生成 CO_2、水蒸气和灰分；在空气供给不足的条件下燃烧，会产生 CO、甲醇、丙酮、乙醛、乙酸以及其他干馏产物等。木材在不同温度下的热分解产物见表 1-20。

表 1-20　木材在不同温度下的热分解产物

组成		阔叶林			针叶林		
		300℃	400℃	500℃	300℃	400℃	500℃
生成物（%）	木炭	45.9	33.6	29.8	49.2	35.4	31.5
	木醋酸	24.7	28.8	30.2	24.0	36.7	27.7
	木焦油	16.8	21.1	21.3	14.4	21.4	22.8
	木煤气	12.1	16.0	18.5	12.1	15.3	18.0
	损失	0.5	0.5	0.2	0.3	1.2	—
木炭（%）	碳（C）	73.5	83.4	90.5	74.3	84.2	90.4
	氢（H）	5.1	3.9	3.2	5.3	4.3	3.4
木煤气（%）	二氧化碳（CO_2）	65.4	57.1	50.7	64.3	57.9	49.3
	一氧化碳（CO）	30.4	30.2	29.9	29.1	29.2	29.7
	甲烷（CH_4）	1.6	8.4	14.6	3.6	9.3	15.7
	烃类（C_nH_m）	1.5	2.5	2.2	1.0	1.9	2.1
	氢（H_2）	1.1	1.8	2.6	2.0	1.7	3.2

在现代建筑中，高分子有机材料大量用于家具用品、建筑装修、管道及其保温、电线绝缘等方面，一旦发生火灾，高分子有机材料燃烧不仅迅速，加快火势扩展蔓延，而且还会产生大量有毒浓烟，其危害远远超过一般可燃材料。

三、火灾烟气的特性

（一）火灾烟气具有窒息性

在火灾现场，由于可燃物燃烧消耗空气中的氧气，使烟气中的氧含量大大低于人们生理正常所需要的数值，从而给人体造成危害。表 1-21 列出了不同浓度的 O_2 对人体健康的影响。

表 1-21　不同浓度的 O_2 对人体健康的影响

氧浓度（%）	对人体健康的影响
16～12	呼吸和脉搏加快，引起头疼
14～9	判断力下降，全身虚脱，发绀
10～6	意识不清，引起痉挛，6～8min 死亡
6	为 5min 致死浓度

CO_2 是许多可燃物的主要燃烧产物。在空气中，含量过高会刺激呼吸系统，引起呼吸加快，从而产生窒息作用。表 1-22 列出了不同浓度的 CO_2 对人体健康的影响。

表 1-22　不同浓度的 CO_2 对人体健康的影响

CO_2 的含量（%）	对人体健康的影响
0.55	6h 内不会有任何症状
1～2	有不适感，引起不快
3	呼吸中枢受到刺激，呼吸加快，脉搏加快，血压升高
4	有头痛、晕眩、耳鸣、心悸等症状
5	呼吸困难，喘不过气来，30min 内引起中毒
6	呼吸急促，呈困难状态
7～10	数分钟内意识不清，失去知觉，出现紫斑，以致死亡

（二）火灾烟气具有毒性、刺激性、腐蚀性

火灾烟气中常含有 CO、CO_2、氰化氢、卤化氢、氮的氧化物、光气及其醛、醚等多种有毒和刺激性气体。在着火房间等场所，这些气体的含量极易超过人们生理正常所允许的浓度，造成中毒或刺激性危害。有的产物或水溶液具有较强的腐蚀性作用，会造成人体组织坏死或化学灼伤等危害。表 1-23 列出了常见气体的危险特性及其许可浓度。

表 1-23　常见气体的危险特性及其许可浓度

分类	气体名称	长期允许浓度/（mg/m³）	火灾疏散条件浓度/（mg/m³）
单纯窒息性	缺 O_2		>14%（体积百分数）
毒害性、单纯窒息性	CO_2	5000	3%（体积百分数）
毒害性、化学窒息性	CO	50	2000
毒害性、化学窒息性	HCN	10	200
毒害性、化学窒息性	H_2S	10	1000
刺激性、腐蚀性	HCl	5	3000
刺激性	NH_3	50	
毒害性、刺激性	Cl_2	1	
刺激性、腐蚀性	HF	3	100
毒害性、化学窒息性	$COCl_2$	0.1	25
刺激性、腐蚀性	NO_2	5	120
刺激性、腐蚀性	SO_2	5	500

　　研究表明，火灾中的死亡人员约有一半是由 CO 中毒引起的，另外一半则由直接烧伤、爆炸压力以及其他有毒气体引起。对火灾死亡人员进行的生理解剖表明，CO 和 HCN 是主要的致死毒气。火灾烟气的毒性不仅来自气体，还可能来自悬浮固体颗粒或吸附于烟尘颗粒上的物质。尸检表明，大多数死者的气管和支气管中含有大量烟灰沉积物、高浓度的无机金属等。

（三）火灾烟气具有高温性

　　火灾是在时间和空间上失去控制的燃烧，能产生大量的热量。热量以热传导、热辐射及热对流的形式向外传递。火灾烟气是燃烧或热解的产物，在物质的传递过程中，其携带大量的热量离开燃烧区，其温度非常高，火场上火灾烟气往往能达到 300～800℃，甚至超过多数可燃物质的热分解温度。

（四）火灾烟气具有流动性

　　相同温度下，火灾烟气的密度一般比空气的密度大，特别是合成树脂类物质所产生的烟气比空气重，但因体积受热膨胀，火灾烟气的实际密度比周围空气要轻，导致向上升腾，具有流动性。在建筑火灾中，门、窗、走廊、楼梯、管道、孔洞等是烟气流动的主要途径。火灾烟气在流动过程中能加热流经途中的可燃物，使可燃物受热分解从而发生着火，促使火势迅速蔓延。

（五）火灾烟气具有减光性

　　由于火灾烟气中存在大量的悬浮固体和液体烟粒，具有较强的减光作用，使火场中的能见距离明显降低，从而影响人员的安全疏散，阻碍救援人员接近着火点和救人。火灾烟气的减光作用可以用减光系数 K_c 来表示。当可见光通过烟气层时，烟粒使光线的强度减弱，光线减弱的程度与烟粒的浓度有函数关系。烟气减光作用测量装置示意图如图 1-6 所示。

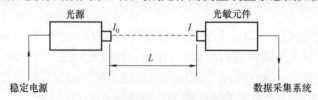

图 1-6　烟气减光作用测量装置示意图

设光源与发光物体之间距离为 L，无烟时受光物体处的光线强度为 I_0，有烟时光线强度为 I，根据朗伯-比尔定律得

$$I=I_0\exp(-K_cL) \tag{1-26}$$

$$K_c=-\ln(I/I_0)/L \tag{1-27}$$

式中　I——有烟时光线强度（cd）；

　　　K_c——烟气的减光系数（m^{-1}）；

　　　L——光源与受光体之间距离（m）；

　　　I_0——无烟时受光物体处的光线强度（cd）。

上式表明，在相同距离 L 和一定的光源强度 I_0 下，当受光处的光线强度 I 下降，则减光系数 K_c 增加，即烟气中的烟粒浓度增加，人的能见距离减小。能见距离是指人们在一定环境下刚刚看到某一个物体的最远距离，它与减光系数的关系式可表示为

$$S=R/K_c \tag{1-28}$$

式中　S——能见距离（m）；

　　　R——比例系数，根据实验数据确定。

由于火灾烟气的减光作用，人们在火场中的能见距离必然下降，这会对安全疏散造成严重影响。当能见距离降到 3m 以下时，逃离火场就十分困难。

进一步的研究表明，人的能见距离与火灾烟气的颜色、物体的亮度、背景亮度及人对光线的敏感度都有关。在白色的烟气中人的能见距离较低；自发光标志的能见距离比反光标志的能见距离大几倍；前方照明与后部照明之间存在相当大的差别，背景光的散射可大大减低发光物的能见距离。对于建筑中的自发光标志和反光标志，其能见距离可近似用以下两式计算，即

反光标志能见距离　　　　$S=(2\sim4)/K_c$ 　　　　　　　　　　$(1-29)$

自发光标志能见距离　　　$S=(5\sim10)/K_c$ 　　　　　　　　　　$(1-30)$

由此可见，火灾情况下的安全疏散指示标志采用自发光型较好。

有关室内装饰材料中反光型饰面材料的能见距离和不同功率的电光源标志的能见距离分别见表 1-24 和表 1-25。

表 1-24　反光型饰面材料的能见距离　　　　　　　　（单位：m）

反光系数	室内饰面材料名称	火灾烟气的减光系数 K_c/m^{-1}					
		0.2	0.3	0.4	0.5	0.6	0.7
0.1	红色木地板、黑色大理石	10.40	6.93	5.20	4.16	3.47	2.97
0.2	灰砖、铸铁、钢板地面	13.87	9.24	6.93	5.55	4.62	3.96
0.3	红砖、混凝土地面	15.98	10.59	7.95	6.36	5.30	4.54
0.4	水泥砂浆抹面	17.33	11.55	8.67	6.93	5.78	4.95
0.5	木板、胶合板	18.45	12.30	9.22	7.23	6.15	5.27
0.6	白色大理石	19.36	12.90	9.68	7.74	6.45	5.53
0.7	白墙、白色调和漆	20.13	13.42	10.06	8.05	6.93	5.75
0.8	浅色瓷砖、白色乳胶漆	20.80	13.86	10.40	8.32	6.93	5.94

表1-25　不同功率的电光源标志的能见距离　　　　　　　　（单位：m）

I_0/cd	电光源类型	功率/W	火灾烟气的减光系数 K_c/m^{-1}				
			0.5	0.7	1.0	1.3	1.5
2400	荧光灯	40	16.95	12.11	8.48	6.52	5.65
2000	白炽灯	150	16.59	11.85	8.29	6.38	5.53
1500	荧光灯	30	16.01	11.44	8.01	6.16	5.34
1250	白炽灯	100	15.65	11.18	7.82	6.02	5.22
1000	白炽灯	80	15.21	10.86	7.60	5.85	5.07
600	白炽灯	60	14.18	10.13	7.09	5.45	4.73
350	白炽灯、荧光灯	40.8	13.13	9.36	6.55	5.04	4.37
222	白炽灯	25	12.17	8.70	6.09	4.68	4.06

此外，人的能见距离还与火灾烟气的刺激性有关。在浓度大且刺激性强的烟气中，眼睛不能长时间睁开，不能较好地辨别方向，这势必影响行走速率。实验表明，当减光系数为 $0.4m^{-1}$ 时，通过刺激性烟气的速率仅是通过非刺激性烟气时的 70%；当减光系数大于 $0.5m^{-1}$ 时，速度降至约 0.3m/s，相当于蒙上眼睛时的行走速度。

（六）火灾烟气具有爆炸性

烟气中的不完全燃烧产物，如 CO、H_2S、HCN、NH_3、苯、烃类等，一般都是易燃物质，而且这些物质的爆炸下限都不高，极易与空气形成爆炸性的混合气体，使火场有发生爆炸的危险。

四、火灾烟气的蔓延

建筑火灾中产生的高温烟气，其密度比冷空气小，由于浮力作用向上升腾，遇到水平楼板或顶棚时，改为水平方向流动，这就形成了烟气的水平扩散。这时，如果高温烟气的温度不降低，那么上层将是高温烟气，而下层是常温空气，形成明显分离的两个层流流动。实际上，烟气在流动扩散过程中，一方面总有冷空气掺混，另一方面受到楼板、顶棚等建筑围护结构的冷却，温度逐渐下降。例如，烟气在走廊流动过程中的下降状况如图1-7所示。

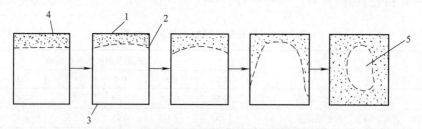

图1-7　烟气在走廊流动过程中的下降状况
1—顶棚　2—墙壁　3—地板　4—烟气　5—空气

当高层建筑发生火灾时，火灾烟气蔓延一般有三条路线：第一条，也是最主要的一条，着火房间→走廊→楼梯间→上部楼层→室外；第二条，着火房间→室外；第三条，着火房间→相邻上层房间→室外。蔓延的途径主要有内墙门、洞口，外墙门、窗口，房间隔墙，空心结构，闷顶，楼梯间，各种竖井管道，楼板上的孔洞及穿越楼板、墙壁的管线和缝隙等。对主体为耐火结构的建筑来说，造成蔓延的主要原因有：①未设有效的防火分区，火灾在未受限制的条件下蔓延；②洞口处的分隔处理不完善，火灾穿越防火分隔区域蔓延；③防火隔墙和房间隔离墙未砌至顶板，火灾在吊顶内部空间蔓延；④采用可燃构件与装饰物，火灾通过可燃的隔墙、吊顶、地毯等蔓延。

火灾烟气的蔓延速率与烟气温度和蔓延方向有关。烟气在水平方向的扩散流动速率较小，在火灾初期为 0.1～0.3m/s，火灾中期为 0.5～0.8m/s；在垂直方向烟气的扩散流动速率为 1～5m/s，在烟囱效应作用下可达 6～8m/s。

五、火灾烟气蔓延的驱动力

建筑中引起烟气蔓延的驱动力较多，如烟囱效应、火风压、电梯活塞效应、通风系统通风机的抽压作用以及外界风的影响等。

（一）烟囱效应

通常建筑物的室外较冷、室内较热，因此室内空气的密度比外界小，这便产生了使气体向上运动的浮力。高层建筑往往有许多竖井，如楼梯井、电梯井、各种管道、电缆等竖井，在这些竖井内，气体的上升运动十分显著，流速可达 6～8m/s，这就是烟囱效应，一种自然的气体流动规律。

为了进一步讨论烟囱效应对火灾烟气流动的影响，现结合图 1-8 讨论。首先讨论仅有下部开口的竖井，如图 1-8a 所示。

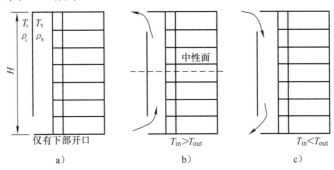

图 1-8　烟囱效应气体流动示意图

设竖井高 H，内外温度分别为 T_s 和 T_0，ρ_s 和 ρ_0 分别为竖井内外气体的密度，g 是重力加速度，对于一般建筑物的高度而言，可认为重力加速度不变。如果在地板平面的大气压力为 P，则在该建筑内部和外部高 H 处的压力分别为

$$P_s=P-\rho_s gH \qquad\qquad P_0=P-\rho_0 gH$$

因此，竖井 H 处内外压力差为

$$\Delta P_{s0} = \left(\rho_0 - \rho_s\right) gH \tag{1-31}$$

当竖井内部温度比外部高时，其内部压力也会比外部高。如果竖井的上部和下部都有开口，就会产生向上流动，且在 $P_0=P_s$ 的高度形成压力中性平面（简称中性面），如图 1-8b 所示。通过与前面类似的分析可知，在中性面之上任意高度 h 处的内外压差为

$$\Delta P_{s0} = \left(\rho_0 - \rho_s\right) gh \tag{1-32}$$

消防燃烧学

与大气压力 P 相比，建筑物内外压差较小，可以根据理想气体定律，用 P 来计算气体密度。一般认为，火灾烟气也遵循理想气体定律，再假设火灾烟气的分子量与空气平均分子量相同，即 0.0289kg/mol，则式（1-32）可改写为

$$\Delta P_{s0} = gPhM(1/T_0 - 1/T_s)/R \tag{1-33}$$

式中　　g——重力加速度（m/s²）

$\quad\quad$ P——地板平面的大气压力（Pa）；

$\quad\quad$ h——距离中性面的高度（m）；

$\quad\quad$ T_0——外界空气的绝对温度（K）；

$\quad\quad$ T_s——竖井中空气的绝对温度（K）；

$\quad\quad$ R——通用气体常数，对任意理想气体而言，R 约为 8.314J/（mol·K）；

$\quad\quad$ M——摩尔质量（g/mol）。

gPM/R 为一常数，令 $gPM/R=K_s$，则式（1-33）可改写为

$$\Delta P_{s0} = K_s(1/T_0 - 1/T_s)h \tag{1-34}$$

式中　　K_s——比例系数。

中性面的计算较为复杂，对于只有上下开口的建筑，中性面位置可用式（1-35）估算，即

$$\frac{h_1}{h_2} = \frac{A_2^2}{A_1^2} \cdot \frac{T_0}{T_F} \tag{1-35}$$

式中　　h_1 和 h_2——中性面到开口下边缘和上边缘的距离（m）；

$\quad\quad$ A_1 和 A_2——低处和高处开口的面积（m²）；

$\quad\quad$ T_F 和 T_0——火焰温度和环境温度（K）。

从式（1-34）可以看出，当上下开口的竖井内部温度比外部高时，火灾烟气就会在竖井内向上流动。这种内部气流上升的现象称为正烟囱效应，如图 1-8b 所示。反之，当竖井内部温度比外部温度低时，火灾烟气就会在竖井内向下流动。这种内部气流下降的现象称为逆烟囱效应，如图 1-8c 所示。这种在垂直的围护物中，由于气体对流促使烟尘和气流向上流动或下降的效应，称为烟囱效应。

从式（1-34）还可以看出，距中性面的距离 h 越远，压力差就越大，烟囱效应越显著；管道内外温差越大，压力差也就越大，烟囱效应越显著。

烟囱效应是建筑火灾中烟气流动的主要因素。在正烟囱效应情况下，低于中性面火源产生的烟气将与建筑物内的空气一起流入竖井，并沿竖井上升。一旦升到中性面以上，烟气便可由竖井流出来，进入建筑物的上部楼层。楼层间的缝隙也可使烟气流向着火层上部的楼层。如果楼层间的缝隙可以忽略，则中性面以下的楼层，除了着火层外都将没有烟气。但如果楼层间的缝隙很大，则直接流进着火层上一层的烟气将比流入中性面以下其他楼层的要多，如图 1-9a 所示。

若中性面以上的楼层发生火灾，由正烟囱效应产生的空气流动可限制烟气的流动，空气从竖井流进着火层能够阻止烟气流进竖井，如图 1-9b 所示。不过楼层间的缝隙却可引起少量烟气流动。如果着火层的燃烧强烈，热烟气的浮力克服了竖井内的烟囱效应，则烟气仍可进入竖井继而流入上部楼层，如图 1-9c 所示。逆烟囱效应的空气流可驱使比较冷的烟气向下运动，但在烟气较热的情况，浮力较大，即使楼内起初存在逆烟囱效应，但不久还会使得烟气向上运动。

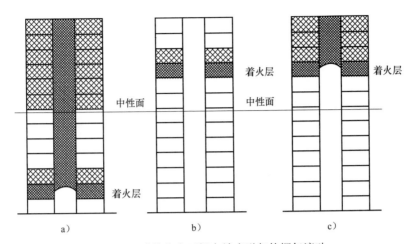

图 1-9　建筑物中正烟囱效应引起的烟气流动

（二）火风压

火风压是指建筑物内发生火灾时，在起火房间内，由于温度上升，气体迅速膨胀，对楼板和四壁形成的压力。火风压的影响主要在起火房间，如果火风压大于进风口的压力，则大量的火灾烟气通过外墙窗口由室外向上蔓延；若火风压等于或小于进风口的压力，则烟火便全部从内部蔓延，当它进入楼梯间、电梯井、管道井、电缆井等竖向孔道以后，会大大加强烟囱效应。

（三）外界风的影响

风的存在可在建筑物的周围产生不同的压力分布，而这种压力分布能够影响建筑物内的烟气流动。建筑物外部的压力分布受多种因素的影响，其中包括风速和方向、建筑物的高度和形状等。若风朝着建筑物吹来，可在迎风面产生较大的静压差（空气流动的动压头转变为静压头所产生的压差），其值可用式（1-36）估算，即

$$\Delta P = u^2（20.16T_0） \tag{1-36}$$

式中　u——风速（m/min）；

T_0——环境温度（K）；

ΔP——压差（Pa）。

在温度为293K时7m/s的风速可产生30Pa左右的压力差，就会对建筑物内的烟气流动产生较大的影响。在背风面，风的影响比较小，甚至产生负压，有利于排烟。

建筑物的几何形状及毗邻情况可以引起复杂的压力分布。图 1-10 为风吹过有裙围建筑的楼房高层建筑下部时平房上部的压力分布。

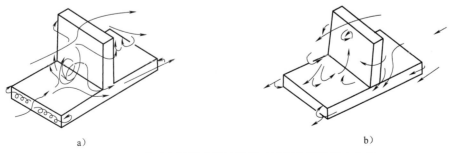

图 1-10　风吹过有裙围建筑的楼房时平房上部的压力分布

（四）空气调节系统造成的压差

在现代建筑中，为了通风和取暖而安装空气调节系统，其中的管道构成了楼内的通风网络。即使风机不工作，在烟囱效应的作用下，气体也可沿着管道流动。如果建筑物内发生火灾，通风管道将促使烟气在楼内的蔓延。若风机正常工作，还会加剧烟气的蔓延。因此，应当在通风管道上安装阻火阀，以便在火灾时切断着火区与其他部分的联通。

六、火灾烟气对灭火救援的影响

（一）火灾烟气对人员的影响

1．火灾烟气会引起人员中毒

人员在火灾中死亡的原因主要有四种，即吸入烟气死亡、直接烧死、房屋坍塌埋压致死以及逃生失误致死。其中吸入烟气死亡是主要死亡原因。火灾烟气中含有多种有毒物质，除了含有 CO 和 CO_2 外，还包含氰化氢、卤化氢、氮氧化合物等。研究表明，在火灾初期，当热量的威胁还不是很严重时，有毒气体已成为对火场中被困人员安全的首要威胁。在对火灾遇难者的尸体解剖中发现，死者血液中经常含有羰基血红蛋白，这是吸入 CO 的结果，一些火灾中也有死者血液中含有氰化物。据统计，火灾中约有一半的遇难者是由 CO 中毒引起的，另一半是由于直接烧伤、爆炸压力及其他有毒气体引起的。例如，2000 年 12 月 25 日，河南省洛阳市东都商厦发生特别重大火灾，死亡 309 人，起火点在地下二层的家具厅，家具燃烧产生的大量烟气沿楼梯间涌上了顶楼（四楼）的歌舞厅，在很短时间内，即造成众多正在狂欢的人们死亡。事后调查表明，309 人全部是因为吸入有毒烟气中毒窒息而亡。

2．火灾烟气会引起人员窒息

火灾时由于吸入高温烟气，使口腔、喉头肿胀，导致呼吸道阻塞窒息。此外，由于可燃物燃烧消耗空气中的氧气，使空气中氧气含量迅速降低，大大低于人体生理正常所需要的数值，从而给人体造成危害（表 1-22）。数据表明，若仅仅考虑缺氧而不考虑其他气体影响，当空气中的氧含量降至 10% 时人就有窒息危险。但是，在火灾中仅仅由含氧量减小造成危害是不大可能出现的，其危害往往伴随着 CO、CO_2 和其他有毒成分的生成而起作用。

3．火灾烟气会引起人员烫伤

火场烟气温度一般较高（300～800℃），人在火灾烟气中极易被烫伤。人的皮肤直接接触温度超过 100℃ 的烟气，几分钟后就会严重损伤。人在 100℃ 环境下即会出现虚脱现象，丧失逃生能力。据此有人提出，短时间内人的皮肤接触烟气安全温度范围不宜超过 65℃，不过多数人无法在温度高于 65℃ 的空气中呼吸。另外，火灾烟气湿度较大也会造成人的极限忍受能力降低。

若烟气层高度尚在人的头部之上，这时高温烟气所造成的危害比直接接触高温烟气的危害要低。人员主要受到热辐射的影响，而热辐射强度则是随距离的增加而衰减。一般认为，在层高不超过 5m 的普通建筑中，烟气层的温度达到 180℃以上时便会对人造成威胁。

4．火灾烟气影响人员逃生行为

火灾烟气对人的行为抑制作用与受灾者对建筑物内的疏散通道熟悉程度有很大关系。对于那些不熟悉建筑物的人来说，火灾烟气会造成心理上的不安。在烟气浓度不断增加的情况下，烟气对眼睛和呼吸系统刺激的增加，呼吸节奏被打乱，增加了恐惧感，人员不能精神集中，思考力和记忆力下降，往往做出错误判断，不能正确逃生。

（二）火灾烟气对疏散的影响

在火灾区域以及疏散通道中，常常弥漫着大量的含 CO 及各种燃烧产物的热烟气。烟气中的 SO_2、NO、NO_2 等刺激性气体，给眼、鼻、喉带来强烈刺激，导致视力下降、呼吸困难。由于烟气具有遮光性以及对眼睛的强烈刺激，使能见距离降低，这给疏散和灭火工作带来很大困难。

当疏散通道上部被烟气占据时，人们必须弯腰摸索行走，其速率缓慢又不易找到安全出口，还可能走回头路。在大部分被烟气充满的疏散通道中，人们少时停留（如 1~2min）就可能昏倒，停留稍长（4~5min 以上）就可致死。所以，疏散通道必须设置防排烟设施。实际检测表明，疏散通道中的烟气浓度，当有防排烟设施时，一般为火灾室内烟气浓度的 1/100~1/300。为保证人员疏散安全，必须保持疏散时人们的能见距离不得小于某一数值，即疏散极限视距 D_{min}。根据建筑的用途不同和在住人员对建筑物熟悉程度不同，对疏散极限视距做如下规定：

（1）住宅楼、教学楼、生产车间。因内部人员固定和对疏散路线熟悉，取 $D_{min}=5m$。

（2）各类旅馆、百货大楼、商场。因大多数人员为非固定人员，对疏散路线安全出口不太熟悉，取 $D_{min}=30m$。

（三）火灾烟气对火灾扑救的影响

1．烟气在一定条件下对燃烧有阻燃作用

从化学平衡的角度看，如果可燃物在一个密闭的房间内燃烧，随着燃烧的进行，燃烧产物的浓度会越来越高，而空气中氧气的浓度越来越少，燃烧速率也随之减慢，当产物的浓度（如 CO_2、水蒸气等完全燃烧产物）达到一定程度时，燃烧就会停止。据实验证明，如果空气中的 CO_2 浓度达到 30%时，一般可燃物就不能再发生燃烧。

2．为火情侦察提供参考与依据

不同的可燃物在不同的燃烧温度、不同的风向条件下，产生的烟气的颜色、气味、浓度、流动方向等也是不一样的。从消防的角度看，根据烟气的不同颜色和气味，往往就可大致辨别出是什么物质在燃烧；根据火场上烟气的流动方向，可大致判断火势蔓延方向和寻找火源（烟气的最下处可能就是火点）；根据烟气的温度、浓度等特征，可大致判断燃烧速率和火灾发展阶段。表 1-26 列举了某些可燃物质燃烧时生成烟气的特征。

表 1-26 某些可燃物质燃烧时生成烟气的特征

可燃物质	烟的特征		
	视觉	嗅觉	味觉
木材	灰黑色	树脂嗅	稍有酸味
石油产品	黑色	石油嗅	稍有酸味
磷	白色	大蒜嗅	—
镁	白色	—	金属味
硝基化合物	棕黄色	刺激嗅	酸味
硫黄	—	硫嗅	酸味
橡胶	棕褐色	硫嗅	酸味
钾	浓白色	—	碱味
棉和麻	黑褐色	烧纸嗅	稍有酸味
丝	—	烧皮毛嗅	碱味
粘胶纤维	黑褐色	烧纸嗅	稍有酸味
聚氯乙烯纤维	黑色	盐酸嗅	稍有酸味
聚乙烯	—	石蜡嗅	稍有酸味
聚丙烯	—	石油嗅	稍有酸味
聚苯乙烯	浓黑烟	煤气嗅	稍有酸味
锦纶	白烟	酰氨类嗅	—
有机玻璃	—	芳香嗅	稍有酸味
酚醛塑料	黑烟	甲醛嗅	稍有酸味
醋酸纤维	黑烟	醋嗅	有酸味

3. 烟气流动有造成新的火源和促使火灾发展、蔓延的危险

火灾时，由于烟气的温度很高，又具有升腾的特征，因此烟气流到哪里，哪里就会聚热升温，极易起火燃烧。特别是可燃结构（如吊顶、隔墙等），在高温烟气的作用下具有受热自燃的可能，如果烟气中本身含有可燃气体（如 CO 等），且烟气温度在 500℃的情况下，在流经途中接触新鲜空气，就可能继续发生燃烧或爆炸；即使烟气中不含可燃气体，如果烟气温度很高，在流经途中，能把可燃物加热，使其剧烈分解释放出可燃气体，造成新的起火点，甚至引起火场上未着火的可燃物迅速着火而形成轰燃。

【思考题】

1. 名词解释：火灾烟气、能见距离、烟囱效应、正烟囱效应、逆烟囱效应。
2. 火灾烟气有哪些性质？
3. 火灾烟气对人员有哪些影响？
4. 火灾烟气对疏散有哪些影响？
5. 消防员在火灾现场如何认识烟气的利弊？
6. 火灾烟气驱动力有哪些？
7. 烟囱效应的影响因素有哪些？

第八节 轰燃和回燃

1. 了解轰燃的影响因素、回燃产生的原因。
2. 掌握轰燃产生的原因、征兆及危害，回燃的预防。

对建筑火灾而言，最初发生在室内的某个房间或室内某个部位，然后由此蔓延到相邻的房间或区域以及整个楼层，最后蔓延到整个建筑物。其发展过程大致可分为初期增长阶段、充分发展阶段和衰减阶段，如图1-11所示。

某一空间内，所有可燃物的表面全部卷入燃烧的瞬变过程称为轰燃。建筑物室内火灾轰燃即为初期增长阶段发展为充分发展阶段的瞬变过程。轰燃的发生标志着室内火灾进入全面发展阶段。轰燃发生后，室

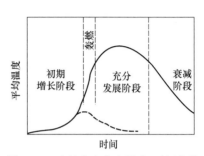

图1-11 建筑室内火灾温度-时间曲线

内可燃物出现全面燃烧，可燃物热释放速率很大，室温急剧上升，并出现持续高温，温度达到 800~1000℃，之后，火焰和高温烟气在火风压的作用下，会从房间的门窗、孔洞等处大量涌出，沿走廊、吊顶迅速向水平方向蔓延扩散。同时，由于烟囱效应的作用，火势会通过竖向管井、共享空间等向上蔓延。轰燃的发生标志着房间火势的失控，同时，产生的高温会对建筑物的衬里材料及结构造成严重影响。但不是每个火场都会出现轰燃，大空间建筑、比较潮湿的场所就不易发生。

一、轰燃

（一）轰燃形成的原因

建筑物内某个局部起火之后，可能出现以下三种情形：

（1）明火只在起火点附近存在，室内的其他可燃物没有受到影响。孤立位置起火时，多数是这种情形。

（2）如果通风条件不太好，明火可能自动熄灭，也可能在氧气浓度较低的情况下以很慢的速率维持燃烧。

（3）如果可燃物较多且通风条件足够好，则明火可以逐渐扩展，乃至蔓延到整个房间。

轰燃是在第三种情形下出现的，是室内火灾由局部燃烧瞬间向全面燃烧的转变，转变完成后，室内所有可燃物表面几乎都开始燃烧，是火灾由初期阶段向猛烈燃烧阶段转变的最显著特征之一。在火灾初起阶段后期，当通风条件良好，可燃物数量适当，火灾范围会迅速扩大，并引起室内相当数量的可燃物的热解和汽化，一旦可燃气体达到一定浓度且室内温度达到可燃气体的燃点时，经过较短时间就会出现一种全室性气相火焰现象，并迅速点燃室内绝大多数可燃物表面，燃烧十分猛烈，温度升高很快，它标志着火灾由初起阶段后期进入全盛阶段。

轰燃的出现是火灾燃烧释放出大量热量积累的结果，引起室内轰燃的热源主要是热辐

射。建筑物室内地板接收到的热通量的辐射热源主要有以下三个方面：

（1）顶棚下方的热烟气层。当烟气较浓且较多时，烟气层对房间下方的热辐射很强。

（2）室内天花板（顶棚）与侧壁所有热表面的辐射。燃烧生成的热烟气在顶棚下的积累，将使顶棚和墙壁上部（两部分合称扩展顶棚）受到加热，扩展顶棚温度的升高，增大辐射到可燃物的热量。

（3）火焰，包括垂直上升的火羽流与沿顶棚扩散的火焰。如果火焰区的体积较大，火焰还可直接撞击到顶棚，甚至随烟气顶棚射流扩散开来，这样向扩展顶棚传送的热量就更多，辐射到可燃物的热量也更多。

在顶棚和墙壁的限制下，这些热量不会很快从可燃物周围散失。热量的累积将加速可燃物的热解，产生更多的可燃气体，具备了轰燃的条件。

（二）轰燃的临界条件

为了从定量的角度说明出现轰燃的临界条件，沃特曼（Waterman）在一长宽高分别为 3.64m×3.64m×2.43m 的房间内进行了实验，并测试出要使室内发生轰燃的基本定量条件是：地板平面处至少要接收到 20kW/m² 以上的热通量，可燃物燃烧速率必须大于 40g/s，并维持一段时间。休格拉德（Hugglund）在高 2.7m 的室内实验基础上提出，顶棚温度达到 600℃ 才能出现轰燃，并以此作为基本判据。

（三）轰燃的征兆

轰燃的发生是很难预测的。有时室内发生火灾后不久，轰燃就发生了，使房屋整体形成一片火海；有时会经过很长时间，完全不发生。尽管目前尚无准确预测轰燃产生的时间，但按照通常的经验，建筑火灾内部发生轰燃的征兆有以下几点。

（1）产生灼热皮肤的辐射热，几秒钟后辐射热强度可达到 10kW/m²。

（2）室内的热气流使人无法坚持，室内温度接近 450℃。

（3）门热得烫手，木质部分温度平均超过 320℃。

（4）当室内顶棚及门窗充满高热浓烟或烟从窗口上部喷出，并呈翻滚现象。

（5）烟气层降至离地面 1m 左右，并出现滚动现象。

（四）影响轰燃的因素

1. 室内燃烧物的性质

合成纤维及其制品起火后比天然纤维及其制品更容易发生轰燃。由于合成纤维的燃烧能很快产生大量烟气并产生高热，短时间内就有发展成轰燃的危险。轰燃时间的提前到来，将为灭火及查找和救助被困人员带来不利影响。

2. 房屋的条件

（1）房间大小决定轰燃发生的先后。两个大小不同，但强度一致的房间，当发生火灾后，小房间先发生轰燃。

（2）与房间内保温有关。在房间顶棚、壁体的空间充填了保温材料，燃烧时产生的热量难以传导消散，使更多的热产生辐射作用，所以保温房间要比不保温房间轰燃发生得更快。

（3）用塑料纸和可燃性黏结剂装饰顶棚和墙壁，在火灾中容易燃烧，增加了室内的热量，轰燃将更快到来。

（五）轰燃的危害

轰燃发生后，可燃物全都进入燃烧状态，火焰充满整个空间。燃烧破坏力极强，危害较大。其危害主要体现在以下几方面。

1. 轰燃对人员逃生危害大

轰燃发生后，氧气浓度急剧下降，在轰燃的鼎盛期，氧气的浓度只有 3%左右。对处在着火房间的人员来说，氧气浓度下降到 6%，5min 内就会死亡。在缺氧的条件下人员会失去活动能力，从而不能逃离火场。其次，轰燃温度极高（可达 1100℃），极易造成人员灼烧。

2. 轰燃易加速火势蔓延

轰燃发生后，火焰面上的热辐射不仅直接危害着火房间以上的房间，而且严重威胁毗邻的建筑物。喷出的火焰是造成建筑物层间及建筑物与建筑之间火势蔓延的主要驱动力。

3. 轰燃会破坏建筑物结构

轰燃发生后，不仅仅是装饰物等在燃烧，建筑物的支撑结构也会受到破坏。如承重墙受到火势侵袭，承重能力降低，导致建筑物坍塌。

二、回燃

（一）回燃的产生

建筑火灾发生一段时间后，由于新鲜空气补充不足，不能满足加速燃烧的要求，火灾逐步进入缺氧性燃烧状态，烟气中逐渐积累大量可燃气体，由于某种原因造成新鲜空气大量进入或热烟气流出（如房屋门窗突然破裂），热烟气和新鲜空气形成非均匀预混气体，这种非均匀预混气体燃烧的现象称为回燃。

发生烟气回燃有以下两种情况：①当建筑物的门窗关闭条件下发生火灾，或者是门窗虽未关闭严密，但室内存有大量可燃气体，燃烧过程中出现氧气供应严重不足，从而形成烟气层中含有大量可燃气体组分。此时，一旦突然形成通风缺口，如门窗破裂、救灾人员闯入，使大量新鲜空气突然进入，这将使可燃烟气获得充分氧气，燃烧强度显著增大，突发猛烈燃烧，室内温度迅速提高，这种燃烧还有可能使火灾转变为轰燃或爆炸。②室内发生火灾后，人们总会尽力扑救，大多数情况下火灾尚未发展到轰燃就被扑灭，这种情况下室内可燃材料中的挥发组分并未完全析出，可燃物周围的温度在短时间内仍比环境温度高，它容易造成可燃挥发组分再度析出，一旦充分供氧条件形成，被扑灭的火场又重新发生可燃烟气的明火燃烧，即烟气回燃。

帕格内（Pagni）等人使用一个长宽高分别为 2.4m×1.2m×1.2m 的模型进行回燃传播实验，该实验以甲烷燃烧器为火源，先将模型开口全部关闭，使燃烧器的火焰逐渐缩小，最终缺氧而窒息，然后打开模型一端的开口，经过一段时间的延时，启动电火花点火器，形成的火焰由点火源开始，大体沿室内上半部的热烟气和冷空气交界区所形成的非均匀可燃混合气体处迅速蔓延开来，甚至从开口窜出。

根据以上现象可以看出，烟气回燃是一种发生在烟气层下表面附近的非均匀预混燃烧。可燃烟气层处于室内上半部，如无强烈扰动，后期进入的新鲜冷空气一般会沉在下面。两者在交界面处扩散掺混，生成可燃混合气体。若气体扰动较大，混合区将会加厚，但这种可燃混合气体通常不均匀。一旦遇到点火源，可燃混合气体就可燃烧，并以火焰传播的形式向外扩展。

（二）回燃的预防

点火源的存在是引起回燃的另一个基本条件。一般可燃烟气与后期进入的空气掺混形成的可燃混合气体达不到自燃温度，必须由点火源点燃。在起火建筑物内通常有三类点火源，一是明火焰，二是暂时隐蔽的火种，三是电火花。

明火焰能导致烟气回燃。暂时隐蔽的点火源如房间内某些橱、柜内的物品起火，或被其他材料遮盖着的物品起火时，由于热量散不出去，其附近的温度会很高，只是因为缺氧而未将可燃烟气引燃。新鲜空气进入后，该处往往迅速发生燃烧，这是一种典型的延迟性回燃。电气设备的使用常可导致电火花出现，可燃混合气体也可能由这种电火花引燃，因此在火灾中禁止启动无防爆措施的电器设备。后两种回燃往往在灭火人员进入房间后一段时间发生，这时可燃混合气体常可混合到接近化学当量浓度，因而燃烧强度很大，无论对人对物都容易造成严重危害。

为了防止烟气回燃的发生，控制新鲜空气的后期流入和在火灾中禁止启动无防爆措施的电器设备具有重要作用。当发现起火建筑物内生成大量黑红色浓烟时，不要轻易打开门窗以避免生成可燃性混合气体。在房间顶棚或墙壁上部打开排烟口将可燃烟气直接排到室外，在打开通风口时，沿开口向房间内喷入水雾，可以有效降低烟气浓度和温度，减少烟气被点燃的可能。

【思考题】

1．什么是轰燃与回燃？
2．简述轰燃产生的原因、征兆、危害、影响因素。
3．简述回燃产生的原因及预防措施。
4．简述轰然与回燃的异同。

第二章　着火与灭火基本理论

　　燃烧过程是一个发光放热的化学反应过程，一般可分为发生燃烧和持续燃烧两个基本阶段，发生燃烧阶段也可简称为着火。人们从不同角度研究了着火的物理化学本质，提出了热自燃理论和链锁反应理论来解释着火的现象，并分析了着火与灭火的条件。

第一节　着火方式与着火条件

【学习目标】

　　1．了解着火的过程和着火的条件。

　　2．熟悉着火方式的分类。

　　3．掌握着火方式的判断。

一、着火过程

　　从燃烧过程的化学动力学可知，任何一个燃烧反应，都存在一个从反应的引发到剧烈反应的自动加速过程，这个过程就是着火。在着火过程中，可燃物与氧化剂接触混合，经历了由无化学反应、缓慢化学反应向剧烈化学反应状态的过渡，并在某个瞬间出现火焰，最终由缓慢氧化状态变为剧烈燃烧状态。在着火过程中，化学反应速率发生了跃变，即化学反应在极短时间内从低速状态加速到高速状态，而出现火焰则是着火过程的重要标志，如图 2-1 所示。

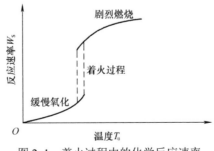

图 2-1　着火过程中的化学反应速率

二、着火方式

　　可燃物的着火方式，一般可分为自燃和引燃两种。

自燃是在没有外部火花、火焰等点火源的直接作用下，可燃物因受热或依靠自身反应发热并蓄热，导致温度不断升高并自行发生燃烧的现象。如油锅过热而着火、火柴摩擦而着火、炸药受撞击而爆炸、黄磷在空气中自燃、烟煤因堆积过高而自燃等。根据热源的不同，自燃可以分为自热自燃和受热自燃。

引燃则是使用火花、火焰、炽热体等高温热源作用于可燃物的某个局部，使该局部受到强烈加热而首先着火、燃烧，然后燃烧以一定的速率逐渐扩大传播到可燃物的其他部分或整个反应空间。在大部分火灾中，可燃物都是通过引燃方式而着火的。

当然，这种着火方式的分类，并不能十分恰当地反映出它们之间的联系和差别。例如，自热自燃和受热自燃都是既有化学反应的作用，又有热的作用；而自燃和引燃的差别也仅仅只是整体加热和局部加热的不同而已，绝不是"自动"和"受迫"的差别。

三、着火条件

在常温下，绝大多数可燃物与空气接触混合，只能进行缓慢的氧化，并不会着火燃烧，这说明着火的发生是需要具备一定条件的。

在一定的初始条件下，可燃物不能保持低温的缓慢氧化状态，而是出现一个急剧的自动加速过程，使可燃物在某个瞬间达到高温的剧烈燃烧状态，这个初始条件称为着火条件。

这里需要注意以下几点：

（1）达到着火条件并不表明可燃物已经着火，而只是可燃物已经具备了着火的可能，会出现着火的过程。

（2）着火条件并不只是一个简单的初温条件，而是化学动力学参数、流体动力学参数和传质传热学参数的综合体现。例如，对于某一种具体的可燃预混气体而言，在封闭的条件下，其着火条件可由下列函数关系表示，即

$$f(T_0, P, \alpha, d, v_0) = 0 \tag{2-1}$$

式中　T_0——预混气体初始温度（环境温度）；

　　　P——预混气体初始压力；

　　　α——对流换热系数；

　　　d——容器直径；

　　　v_0——环境气流速率。

【思考题】

1. 在着火的过程中，可燃物的反应状态有何变化，这一变化的实质和标志分别是什么？

2. 木材燃烧、液化石油气爆炸、油锅起火、香烟点燃、汽油发动机的燃烧、柴油发动机的燃烧分别属于哪种着火方式？

3. 自燃和引燃这两种着火方式有何异同？

4. 着火条件有哪些？当可燃物具备着火条件时是否已经着火？

第二节 热自燃理论

【学习目标】

1. 了解放热和散热的关系。
2. 熟悉热自燃理论的基本观点。
3. 掌握着火的临界温度、出现火焰的临界温度、灭火滞后现象。
4. 运用谢苗诺夫热自燃理论分析着火的过程。
5. 运用谢苗诺夫热自燃理论分析灭火的过程。

一、谢苗诺夫热自燃理论

任何可燃物与助燃物混合的反应系统，一方面会进行缓慢氧化而放出热量，使系统温度升高；同时又会因存在温度差而向外散热，使系统温度下降。苏联科学家谢苗诺夫提出：着火是放热与散热共同作用的结果。如果放热大于散热，系统就会出现热量积累，温度升高，反应加速，最终发生自燃；相反，如果散热大于放热，系统温度下降，则不能自燃。

二、放热与散热的分析

设有一个球形容器，体积为 V，表面积为 F，内部充满某种反应热为 ΔH 的可燃预混气体，现对其放热和散热进行分析。为使问题简化，做如下假设：

（1）环境温度为 T_0，反应开始时混气温度与环境温度相同，反应过程中混气的瞬间温度为 T。

（2）反应开始时容器的壁温与环境温度 T_0 相同，反应过程中，壁温升高，与混气温度相同。

（3）反应过程中，容器内既无自然对流，也无强迫对流，容器内各点的温度、浓度相同。

（4）着火前反应物浓度变化很小，近似认为不变。

（5）环境与容器之间有对流换热，对流换热系数为 α，它不随温度变化。

该分析模型的简化示意图如图 2-2 所示。

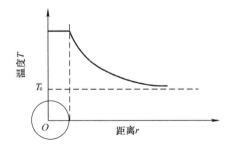

图 2-2 热自燃理论分析模型的简化示意图

消防燃烧学

用 $Q_放$ 表示混气在单位时间内由化学反应放出的热量，即放热速率，用 $Q_散$ 表示混气在单位时间内向外界环境散发的热量，即散热速率，则

$$Q_放 = V \Delta H W_s \tag{2-2}$$

$$Q_散 = \alpha F (T - T_0) \tag{2-3}$$

式中　ΔH——可燃预混气体的化学反应热；

　　　　W_s——可燃预混气体的化学反应速率。

根据燃烧反应速率方程 $W_s = K_0 C_A^a C_B^b \exp\left(\dfrac{-E}{RT}\right)$ 可知，化学反应速率 W_s 与混气温度 T 成指数关系，所以 $Q_放$ 是混气温度 T 的指数函数，而 $Q_散$ 则与混气温度 T 成正比例关系。将 $Q_放$ 和 $Q_散$ 分别对混气温度 T 作图即得到放热曲线和散热曲线，如图 2-3 所示。当混气浓度不同时，反应速率 W_s 不同，因而可得到一组放热曲线；当环境温度 T_0 不同时，可得到一组平行的散热曲线；当改变 αF 时，可得到一组斜率不同的散热曲线。

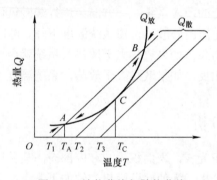

图 2-3　放热曲线与散热曲线

三、热自燃理论着火分析

（一）热自燃理论着火条件

从图 2-3 可以看出，当改变环境温度 T_0 分别为 T_1、T_2、T_3 时，放热曲线 $Q_放$ 和散热曲线 $Q_散$ 之间的关系有三种情况：①有 A、B 两个交点；②只有 C 一个交点；③没有交点。现对这三种情况进行简要分析。

1. 当环境温度较低时，如 $T_0 = T_1$

起初系统中的混气温度等于环境温度 T_1，所以散热速率为零，但这时化学反应是在缓慢进行的，随着化学反应的进行，释放出少量热量，使混气温度上升，与环境之间产生温差，开始向环境散热。由于此时放热速率大于散热速率，混气温度将不断上升，直到等于 T_A。此后混气温度将保持稳定，因为当混气温度高于 T_A 时，放热速率小于散热速率，混气温度将下降，回到 T_A。由此可以看出，A 点是一个可以达到的稳定点，它实际上代表一种化学反应速率很小的缓慢氧化状态。显然，在这样的初始条件下，混气的温度不会自动持续升高，反应也不能自动加速而着火，这说明混气还不具备着火的条件。

58

从 A 点到 B 点的过程中，散热速率一直大于放热速率。因此，如果仅依靠自身的反应，混气温度不可能继续升高，所以 B 点是达不到的。另外 B 点是一个不稳定点，如果有一个微小增温扰动，使混气温度略大于 T_B，这时由于放热速率总大于散热速率，混气温度将会越来越高；如果有一个微小降温扰动，使混气温度略低于 T_B，这时由于散热速率总大于放热速率，混气温度将会越来越低，直至返回 T_A。

2. 当环境温度较高时，如 $T_0=T_3$

这时由于放热速率总是大于散热速率，混气温度将会不断升高，化学反应不断加速，最后必然导致着火。

3. 当环境温度恰好时，如 $T_0=T_2$

这时，放热曲线 $Q_{放}$ 和散热曲线 $Q_{散}$ 刚好相切于 C 点。分析 C 点可以发现它具有以下重要特点：

（1）C 点能达到。因为在 C 点以前放热速率总是大于散热速率，混气温度会从 T_2 自动升高到 T_C。

（2）C 点是一个不稳定点。如果有一个微小增温扰动，使混气温度略大于 T_C，则因放热速率总大于散热速率而使混气温度自动升高，化学反应速率自动加速，直至着火。

由上述分析可以得出热自燃理论的一个重要结论：T_2 是发生着火的临界温度（即着火的初温条件），超过这个温度，混气就会自动升温、反应自动加速，最终着火。在分析中，是保持压力和换热系数恒定，由此得出着火的临界温度。进一步分析可知，若保持压力和环境温度恒定，可得出着火的临界换热系数；保持环境温度和换热系数恒定，可得出着火的临界压力，如图 2-4、图 2-5 所示。

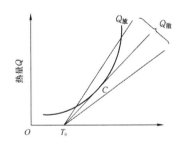 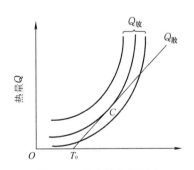

图 2-4　着火的临界换热系数　　　　图 2-5　着火的临界压力

对于临界点 C，还可以看出：在 C 点以前，由于放热速率与散热速率之差越来越小，因此从 T_2 到 T_C 是一个缓慢升温的过程；而在 C 点以后，由于放热速率与散热速率之差越来越大，因此会出现急剧升温。C 点标志着由低温缓慢氧化状态到高温剧烈燃烧状态的过渡，也就是说混气在 C 点以后一定会着火，T_C 则是可能出现火焰的最低临界温度，可近似取 T_C 为混气的自燃温度（自燃点）。自燃点 T_C 与很多因素有关，它受混气的性质、放热速率和散热速率等因素影响，如图 2-6 所示。如果在实验时将外界条件固定，那么自燃点 T_C 就只与混气的性质有关，此时测得的自燃点 T_C 就可以用来评定可燃预混气体的自燃难易程度。

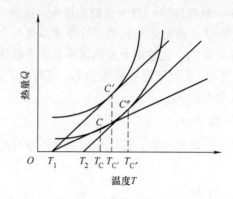

图 2-6　放热速率和散热速率对自燃点的影响

（二）着火感应期

在热自燃理论分析中，只考虑了可燃预混气体在达到临界温度 T_2 的条件下，有着火的可能，并没有考虑发生着火需要的时间长短。如前所述，可燃预混气体的温度在达到 T_C 之前，经历了由 T_2 到 T_C 的缓慢升温过程，那么，要经过多长时间才能升温至 T_C 而着火呢？于是提出了着火感应期的概念。

在热自燃理论中，着火感应期是指当混气在已经具备着火条件的情况下，由初始状态达到温度开始剧升的瞬间所需的时间，也就是图 2-3 中混气温度从着火临界温度 T_2 升高到自燃点 T_C 所需的时间。混气初始温度不同，其着火感应期 t 也不同，如图 2-7 所示。

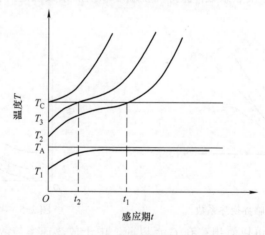

图 2-7　不同初温时的着火感应期

可以看出，初温为 T_1 时，T-t 曲线永远达不到自燃点 T_C，这意味着火感应期为无穷大，混气只能在 T_A 温度进行缓慢氧化；初温为 T_2 时，经过 t_1 后，T-t 曲线与 T_C 直线相交，即着火感应期为 t_1；初温升高至 T_3，着火感应期则缩短为 t_2；当初温升高至 T_C 后，着火感应期则为 0。由此可见，混气初始温度越高，其着火感应期 t 越短。影响着火感应期的因素除了初始温度以外，还有很多，如较大的反应热 ΔH 和较高的反应速率 W_s 都会使着火感应期变短，而较高的自燃点 T_C 以及较高的反应活化能 E 都会使着火感应期变长。部分可燃物在空气中不同初温的着火感应期见表 2-1。

表 2-1　部分可燃物在空气中不同初温的着火感应期

可燃物	初温/℃	着火感应期/s	可燃物	初温/℃	着火感应期/s	可燃物	初温/℃	着火感应期/s
乙烷	515	10	1-十六碳烯	240	78	正戊醇	300	13
丙烷	504	6	苯	592	32	异戊醇	347	13
正丁烷	405	6	苯	562	42	环己醇	300	40
异丁烷	477	18	甲苯	568	48	甲醛（37%）	424	14
正戊烷	287	10	间二甲苯	563	54	环己酮	420	17
正戊烷	284	24	间二甲苯	528	61	苯乙酮	571	13
正戊烷	247	30	对二甲苯	564	42	正戊醚	171	18
正戊烷	223	101	对二甲苯	529	69	正己醚	187	37
异戊烷	427	6	乙苯	432	18	二苯醚	646	12
正己烷	261	30	正丙基苯	456	12	二苯醚	618	15
正己烷	234	57	异丙基苯	467	6	亚硝酸戊酯	200	12
2-甲基戊烷	307	6	异丙基苯	424	91	酪酸	452	13
2-甲基戊烷	304	12	正丁基苯	438	6	甲酸乙酯	455	14
正辛烷	240	54	正丁基苯	412	9	己二酸	422	19
正辛烷	220	132	异丁基苯	456	12	醋酸异丁酯	423	4
异辛烷	447	12	异丁基苯	428	16	丙酸戊酯	378	2
异辛烷	418	27	联苯	577	36	硬脂酸丁酯	355	2
正壬烷	234	66	联苯	566	39	异丁胺	378	4
正壬烷	206	130	1-甲基萘	547	24	乙酰替苯胺	547	12
正癸烷	232	54	十氢化萘	272	18	苯胺	617	4
正癸烷	208	124	蒽	540	17	苯胺	593	6
正十二烷	204	214	环戊烷	385	6	二苯胺	634	60
正十四烷	202	158	环己烷	270	102	苄基氯	585	17
正十六烷	230	66	环己烷	260	206	乙酰氯	930	5
正十六烷	205	141	煤油	249	66	丁基氯	265	10
1-戊烯	298	18	煤油	229	210	邻二氯苯	638	9
1-己烯	272	72	石油醚	288	15	3-氯三氟甲苯	566	9
1-辛烯	256	72	航空汽油	471	3	六氯二苯醚	628	0.6
1-癸烯	244	78	航空汽油	440	5			
1-十四碳烯	239	66	正丁醇	359	18			

（三）着火极限

对于临界点 C，经分析发现，其临界温度 T_C、临界压力 P_C 是可燃气体浓度 X_f 的函数。若保持 P_C 不变，可得出临界温度 T_C 与可燃气体浓度 X_f 的函数曲线（图 2-8）；若保持 T_C 不变，可得出临界压力 P_C 与可燃气体浓度 X_f 的函数曲线（图 2-9）。

从图 2-8 和图 2-9 可以看出，自燃着火存在一定的极限，不在极限范围内，就不能着火。

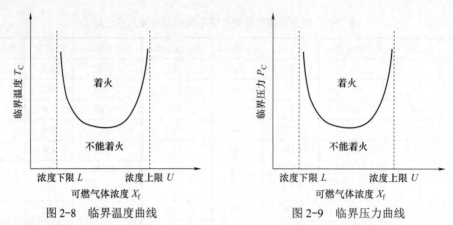

| 图 2-8　临界温度曲线 | 图 2-9　临界压力曲线 |

（1）浓度极限。存在着火浓度下限 L 和上限 U，如果系统中可燃物浓度太小或太大，则不论温度多高或压力多大都不会自燃着火。

（2）温度极限。在压力保持不变的条件下，降低温度，两个浓度极限相互靠近，着火浓度范围变窄；当温度低至某一临界值时，两浓度极限合二为一；再降低温度，任何比例的混合气体均不能着火。这一临界温度值为该压力下的自燃温度极限。

（3）压力极限。在温度保持不变的条件下，降低压力，两个浓度极限相互靠近，着火浓度范围变窄；当压力低至某一临界值时，两浓度极限合二为一；再降低压力，任何比例的混合气体均不能着火。这一临界压力值为该温度下的自燃压力极限。

很显然，不同的混合气体，其浓度极限、温度极限和压力极限是不同的。

四、热自燃理论灭火分析

（一）燃烧过程中放热曲线与散热曲线的关系

在讨论着火问题时，做过混气浓度不变的假定。这种假定虽具有近似性，但误差不大，因为着火前反应速率很慢。但若混气一旦着火，混气浓度就会因燃烧而急剧减少。在非绝热情况下，混气浓度的变化比较复杂，由于混气浓度的降低，放热速率将会变慢，放热曲线不会始终上升而会出现下降；而散热曲线与混气浓度变化关系不大，仍呈直线。于是放热曲线与散热曲线的交点在一般情况下不是原来的两个点而是三个点 A、B、A'，如图 2-10 所示。

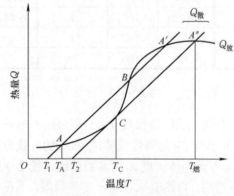

图 2-10　燃烧过程中的放热曲线与散热曲线关系

如果提高环境温度至 T_2，使散热曲线与放热曲线相切于 C 点，则 A' 移到 A''。在这样的条件下，可燃混气必将出现着火的过程，而 A'' 点则是混气能够实现的高水平的稳定反应状态——高温燃烧态，对应的 $T_燃$ 即为燃烧温度。由此可见，不考虑浓度变化的着火分析是不可能表明系统在燃烧时所处的状态的。

（二）灭火措施

1. 降低环境温度 T_0

设系统已经在 A''' 进行稳定燃烧，其对应的环境温度为 T_3，如图 2-11 所示。

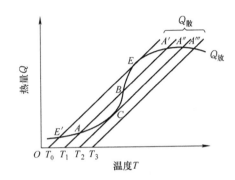

图 2-11　降低环境温度使系统灭火

现欲使系统灭火，将环境温度降低到 T_2，此时燃烧点 A''' 移到 A''，因 A'' 是稳定点，系统则在 A'' 进行稳定燃烧。这就是说，环境温度降到着火的临界温度，系统仍不能灭火。同样，因 A' 也是稳定燃烧态，环境温度降低到了 T_1 时也不能灭火。

当环境温度降低到了 T_0 时，放热曲线与散热曲线相切于 E 点。E 点是个不稳定点，因为系统稍微出现一个降温扰动，由于散热速率大于放热速率，系统会自动降温，移到 E'，E' 是低温缓慢氧化态，这样系统就由高温燃烧态 A''' 过渡到低温缓慢氧化态 E'，即系统灭火。

从以上分析可以看出：

（1）灭火条件也是放热曲线与散热曲线相切。但切点位置在 E 点而不在 C 点，这是与着火条件不同之处。

（2）已着火系统的环境温度降到着火的临界温度 T_2，系统仍不能灭火。必须使环境温度降到低于着火（自燃）时的临界温度，即降到 T_0 时系统才能灭火，这种现象称为灭火滞后现象。

2. 改善系统散热条件

设系统已经在 A''' 点进行稳定燃烧，系统的环境温度为 T_0，如图 2-12 所示。

现保持环境温度 T_0 不变，为使系统灭火，改善系统散热状态，即改变式（2-3）中 αF 值的大小，在 $Q-T$ 图上就是改变散热曲线的斜率。增大系统散热曲线斜率，使散热曲线与放热曲线相切于 C 点，相应的 A''' 点移向 A''，此时因 A'' 是稳定燃烧态，系统不能灭火。继续增大斜率，使 A'' 点移向 A' 点，A' 也是稳定燃烧态，系统仍不能灭火。

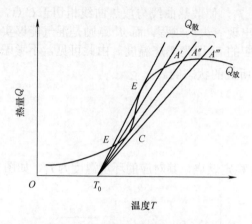

图 2-12　改善系统散热条件使系统灭火

如果进一步增大斜率，使散热曲线与放热曲线相切于 E 点，因 E 点是不稳定点，系统将向 E' 移动，并在 E' 进行缓慢氧化，于是系统完成了从高温燃烧态 A''' 向低温缓慢氧化态 E' 的过渡，即系统灭火。

由上述分析可以看出，存在同样的灭火条件和灭火滞后现象，系统要在比着火时更不利的条件（散热更大）下才能灭火。

3. 降低系统混气浓度

设系统已经在 A''' 点进行稳定燃烧，系统的混气浓度为 C_0，环境温度为 T_0，如图 2-13 所示。

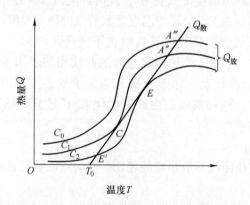

图 2-13　降低系统混气浓度使系统灭火

现保持环境温度 T_0 和散热条件不变，为使系统灭火，降低系统中混气的浓度 C_0。根据式（2-2）可知，放热速率 $Q_{放}$ 将变小，放热曲线将下移。混气浓度从 C_0 降到 C_1，A''' 点移向 A'' 点，因 A'' 是稳定燃烧态，系统不能灭火。继续降低混气浓度至 C_2，使散热曲线与放热曲线相切于 E 点，因 E 点是不稳定点，系统将向 E' 移动，并在 E' 进行缓慢氧化，于是系统完成了从高温燃烧态 A''' 向低温缓慢氧化态 E' 的过渡，即系统灭火。

由上述分析可以看出，存在同样的灭火条件和灭火滞后现象，系统要在比着火时更不利的条件（浓度更低）下才能灭火。

综上所述，根据热自燃理论，要想使已经着火的系统灭火，必须采取以下措施：

（1）降低系统氧气或可燃气体的浓度。

（2）降低环境温度。

（3）改善系统散热条件。

因为在灭火中存在灭火滞后现象，所以降低系统混气浓度和环境温度以及改善散热条件都必须使系统处于比着火时更不利的状态。进一步的研究还指出，对于灭火，降低氧气浓度或可燃气体浓度的作用大于降低环境温度的作用；相反，对于防止着火，降低环境温度的作用大于降低氧浓度或可燃气体浓度的作用。

【思考题】

1．谢苗诺夫热自燃理论的基本观点是什么？

2．根据热自燃理论，可燃物发生着火的温度条件是什么？何时会出现火焰？

3．可燃物在着火过程中，温度在 T_C 前后的变化有何不同？

4．什么是着火感应期？初始温度对其有何影响？

5．自燃着火存在什么极限？

6．什么是灭火滞后现象？

7．根据热自燃理论的灭火分析，可提出哪些灭火措施？

第三节　链锁反应理论

【学习目标】

1．了解链锁反应理论及其应用。

2．熟悉链锁反应的分类。

3．掌握链锁反应的特点和过程。

4．掌握链锁反应着火的条件。

5．掌握链锁反应灭火的措施。

对于燃烧过程中的很多问题，根据热自燃理论可进行合理的解释，并且与实验结果也比较吻合，但也有很多现象不能解释，例如氢氧反应存在三个爆炸极限。因此，谢苗诺夫又提出了链锁反应着火理论，该理论认为，燃烧是一种游离基（自由基）的链锁反应。

一、链锁反应

链锁反应又叫链式反应，这一名称取意于似无数把锁的连接或船舶使用的锚链，即反应过程中，当一个分子被活化后，会引起许多分子连续不断地进行化学反应，每个基元反应可形象化地看成链锁一样一环扣一环。链锁反应最大的特点是在反应过程中存在一种特殊的活性中间物——游离基，只要游离基不消失，反应就一直进行下去，直到反应完成。

游离基又称自由基，是单质或化合物分子中的共价键在外界能量（如光、热等）的作用下分裂而成的含有不成对价电子的原子或原子团，如氢原子（H·）、氢氧基（HO·）、甲基（·CH₃）等。由于自由基比分子有更多的活化能，活性非常强，一般在普通条件下是不能稳定存在的，很容易自行结合成稳定的分子，或与其他分子碰撞产生新的自由基。当反应物中一旦被引发产生少量的自由基后，便相继发生一系列的链锁反应，在反应中自由基始终交替生成和消失，使反应不断地自动循环发展，直至反应物全部反应完为止。当自由基全部消失时，链锁反应就会中断，燃烧也就停止。

链锁反应过程一般由三个阶段组成：链引发、链传递、链终止。

（一）链引发

链锁反应中初始产生自由基的阶段称为链引发。要使分子分解产生自由基，就要使分子中较稳定的化学键断裂，这需要很大的能量，因此链引发是一个比较困难的过程。引发的方法很多，常用的有热引发、光引发、氧化还原引发等。

（二）链传递

在链传递阶段，自由基不断与反应物分子碰撞反应，在生成产物的同时，能够再生成新的自由基，因此可以使反应一个传一个，不断地进行下去。链传递阶段是链锁反应的主体阶段，自由基等活泼粒子是反应链的传递物。

（三）链终止

在链终止阶段，如果自由基与自由基碰撞或与容器壁、其他惰性分子碰撞后，因失去能量而成为稳定分子，自由基消失，则链锁反应终止。

例如：$H_2 + Br_2 \longrightarrow 2HBr$ 由以下分步反应构成：

$$Br_2 \xrightarrow{\text{能量}} 2Br\cdot \qquad\qquad (\text{链引发})$$

$$\left.\begin{array}{l} Br\cdot + H_2 \longrightarrow HBr + H\cdot \\ H\cdot + Br_2 \longrightarrow HBr + Br\cdot \end{array}\right\} \qquad (\text{链传递})$$

$$\left.\begin{array}{l} H\cdot + H\cdot \longrightarrow H_2 \\ H\cdot + Br\cdot \longrightarrow HBr \\ Br\cdot + Br\cdot \longrightarrow Br_2 \end{array}\right\} \qquad (\text{链终止})$$

从链锁反应的三个阶段及其特点可以看出：链引发，要依靠外界提供能量；链传递，可以自动发展；链终止，只要销毁一个自由基就可以销毁一连串的链传递。因此，在消防工作中可以得到以下启示：

（1）着火源可以提供和引发自由基产生，因此控制和消除着火源是防火的关键。

（2）当可燃物已经着火时，应立即采取措施破坏能量的继续提供和链传递条件，中断链传递。

（3）不断探索和改革工艺设备，增加自由基与容器壁碰撞机率，使自由基失去能量；不断研究阻燃技术和新型灭火剂，使其有效抑制自由基，使链终止，燃烧迅速熄灭。

二、链锁反应的分类

链锁反应可分为直链反应和支链反应。一般情况下，碳氢化合物的燃烧大都属于支链反应。

（一）直链反应

直链反应是指在链传递过程中每消耗一个自由基的同时又生成一个新的自由基，直至链终止。例如：

$$H_2 + Cl_2 \longrightarrow 2HCl \qquad （总反应）$$

（1）$Cl_2 \longrightarrow 2Cl\cdot$ （链引发）

（2）$Cl\cdot + H_2 \longrightarrow HCl + H\cdot$
（3）$H\cdot + Cl_2 \longrightarrow HCl + Cl\cdot$ （链传递）

（4）$2H\cdot \longrightarrow H_2$
（5）$H\cdot + Cl\cdot \longrightarrow HCl$ （链终止）
（6）$2Cl\cdot \longrightarrow Cl_2$

上述链锁反应中，一旦形成 $Cl\cdot$ 自由基，就会按反应（2）、（3）不断反复进行。在整个链传递中，自由基的数目始终保持不变。

在直链反应的链传递过程中，虽然自由基的数目保持不变，但链传递的速率却是非常快的。据统计，每产生一个 $Cl\cdot$ 自由基往往能循环反应生成 $10^4 \sim 10^6$ 个 HCl 分子，直链反应才能终止，而这一循环一般发生在不到 1s 的时间内，所以直链反应的速率也是非常快的。

（二）支链反应

支链反应是指一个自由基在链传递过程中，生成最终产物的同时产生 2 个或 2 个以上的自由基。自由基的数目在反应过程中随时间而增加，因此反应速率是加速的。例如：

$$2H_2 + O_2 \longrightarrow 2H_2O \qquad （总反应）$$

（1）$H_2 \longrightarrow 2H\cdot$ （链引发）

（2）$H\cdot + O_2 \longrightarrow HO\cdot + O\cdot$
（3）$O\cdot + H_2 \longrightarrow H\cdot + HO\cdot$
（4）$HO\cdot + H_2 \longrightarrow H_2O + H\cdot$
（5）$HO\cdot + H_2 \longrightarrow H_2O + H\cdot$ （链传递）

（6）$2H\cdot \longrightarrow H_2$
（7）$H\cdot + HO\cdot \longrightarrow H_2O$ （链终止）

将式（2）、（3）、（4）、（5）相加得

$$H\cdot + 3H_2 + O_2 \longrightarrow 2H_2O + 3H\cdot$$

这就是说，一个 $H\cdot$ 自由基参加反应后，经过一个链传递形成最终产物 H_2O 的同时产生了 3 个 $H\cdot$ 自由基。这 3 个 $H\cdot$ 自由基又开始形成另外 3 个链，而每个 $H\cdot$ 又将产生 3 个 $H\cdot$ 自由基。这样，随着反应的进行，$H\cdot$ 自由基的数目不断增多，因此反应不断加速，如图 2-14 所示。

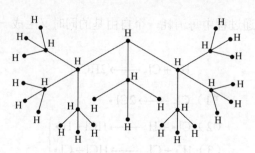

图 2-14 支链反应中氢原子数目增加示意图

自由基在链传递过程前后的数目之比称为倍增因子，用 α 表示。显然在直链反应中 $\alpha=1$，在支链反应中 $\alpha>1$，而在氢氧反应中 $\alpha=3$。

三、链锁反应理论着火分析

链锁反应着火理论认为，反应自动加速并不一定要依靠热量的积累，也可以通过链锁反应逐渐积累自由基的方法使反应自动加速，直至着火。系统中自由基数目能否发生积累，是链锁反应过程中自由基增长与销毁共同作用的结果，如果增长大于销毁，就会发生自由基的积累，反应就会自动加速，最终着火。

（一）自由基的增长与销毁

在链引发阶段，由于外界能量的引发作用，反应分子会分解生成自由基。自由基的生成速率用 W_1 表示，因为链引发是一个困难的过程，故 W_1 一般比较小。

在链传递阶段，由于支链反应的分支，自由基数目增加，例如氢氧反应中氢自由基在链传递过程中 1 个生成 3 个。显然自由基浓度 n 越大，自由基数目增长越快。设在链传递过程中自由基的增长速率为 W_2，$W_2=fn$，f 为增长速率常数。由于分支过程是由稳定分子分解生成自由基的过程，需要吸收能量，因此温度对 f 的影响很大，温度升高，f 值增大，W_2 也随着增大。增长速率 W_2 在自由基数目增长因素中起决定作用。

在链终止阶段，自由基与自由基碰撞或与容器壁、其他惰性分子碰撞后失去能量，变成稳定分子，自由基消失。设其销毁速率为 W_3，自由基浓度 n 越大，碰撞机会越多，销毁速率 W_3 增加，即 $W_3=gn$，g 为销毁速率常数。由于链终止反应是合成反应，需要放出能量，因此温度升高，g 值减小，W_3 也随着减小。

（二）链锁反应着火条件

在链锁反应过程中，自由基生成速率 W_1 很小，可以忽略，引起自由基数目变化的主要因素是自由基的增长速率 W_2 和销毁速率 W_3。由于温度对 W_2、W_3 的影响不同，在不同温度下，自由基数目的变化会出现不同的情况。

（1）系统处于低温时，W_2 很小，W_3 很大，因此很可能 $\varphi=f-g<0$，自由基数目不能积累，反应速率不会自动加速，因此系统不会着火。

（2）系统升高温度，W_2 增加，W_3 减小，可能出现 $\varphi=f-g=0$ 的情况，但自由基数目仍不能积累，反应速率不会自动加速，系统也不会着火。

（3）系统进一步升高温度，W_2 进一步增加，W_3 进一步减小，当达到一定的温度，可能出现 $W_2>W_3$，即 $\varphi=f-g>0$。自由基数目不断积累，反应速率不断自动加速，最终系统发生着火。

将以上三种情况反映在 W_s-t 图上，很容易找到着火条件，如图 2-15 所示。只有当 $\varphi>0$ 时，即自由基的增长速率 W_2 大于销毁速率 W_3 时，系统才能着火。而 $\varphi=0$ 是着火的临界条件，对应的温度则为着火的临界温度。

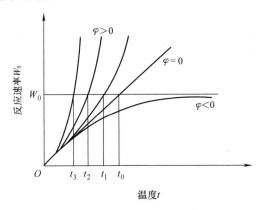

图 2-15　不同 φ 值的反应速率 W_s

注：W_s—总反应速率；W_0—常温下缓慢氧化状态的总反应速率；φ—自由基的净增长速率。

四、链锁反应理论灭火分析

根据链锁反应着火理论，若要使系统不发生着火，或使已经着火的系统灭火，必须使系统中的自由基增长速率（主要是链传递过程中由于链分支而引起的自由基增长）小于自由基的销毁速率。在燃烧过程中，自由基主要有 $H\cdot$、$HO\cdot$、$O\cdot$ 等，尤其是 $HO\cdot$ 较多，在烃类可燃物的燃烧中具有重要作用。为此，可以采取以下措施。

（一）降低系统温度，减慢自由基增长速率

在链锁反应的链传递过程中，由于链分支而产生的自由基增长是一个分解过程，需要吸收能量。因此，系统温度越高，自由基增长越快；反之，系统温度越低，自由基增长越慢，所以降低系统温度可以减慢自由基的增长速率。

（二）增加自由基固相销毁速率

自由基碰到固体壁面，会把自己大部分能量传递给固体壁面，而自身结合成稳定分子。为增加自由基碰撞固体壁面的机率，可以增加容器的比表面积，或者在着火系统中加入砂子、粉末灭火剂等固体颗粒。例如，将三氧化二锑（Sb_2O_3）与溴化物同时喷入燃烧区，可生成三溴化锑（$SbBr_3$），而 $SbBr_3$ 可迅速升华成极细的颗粒分布在燃烧区内，对链锁反应起到抑制作用。

（三）增加自由基气相销毁速率

自由基在气相中碰到稳定分子，会把自己大部分能量传递给稳定分子，而自身也结合成稳定分子。为此，可以在着火系统中喷洒卤代烷等气体灭火剂，或者在材料中加入卤代烷阻燃剂，例如溴阻燃剂。溴阻燃剂在燃烧过程中受热会分解出 HBr，HBr 与 HO·、H·自由基会发生下面一系列反应：

（1）HBr+HO·——→H$_2$O+Br·

（2）Br·+RH——→HBr+R·

（3）H·+HBr——→H$_2$+Br·

（4）H·+Br·——→HBr

这样，HBr 在燃烧过程中不断捕捉 HO·和 H·自由基，使得系统中的 HO·、H·自由基不断减少，从而使燃烧终止，起到灭火的作用。

五、链锁反应理论的运用

以化学计量浓度混合的氢气和氧气发生燃烧反应的临界温度和临界压力的关系如图 2-16 所示。

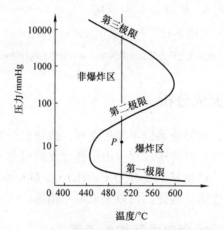

图 2-16　氢氧化学计量浓度混合物的爆炸极限

由图 2-16 可以看出，在 450℃以下氢氧混合气体由于反应速率太慢，任何压力下均不会发生爆炸；在 600℃以上，则在各种压力下均会发生爆炸；在 450～600℃范围内，则随着压力的不同存在爆炸区和非爆炸区，即氢氧反应有三个着火极限，这是热自燃理论无法解释的。现用链锁反应着火理论进行简单解释。

设第一、二极限之间的爆炸区内有一点 P，保持系统温度不变而降低压力，P 点则向下垂直移动。此时因氢氧混气压力较低，自由基不易与反应物分子发生碰撞，很容易快速扩散与容器壁碰撞，自由基销毁主要发生在容器壁上。压力越低，自由基销毁速率越大，当压力下降到某一值后，自由基销毁速率 W_3 有可能大于增长速率 W_2，即 $\varphi<0$，于是系统由爆炸转为不爆炸，爆炸区与非爆炸区之间就出现了第一极限。

如果保持系统温度不变而升高压力，P 点则向上垂直移动。这时因氢氧混气压力较高，自由基在扩散过程中，很容易与大量稳定分子碰撞或自由基之间碰撞而结合成稳定分子，因此自由基主要销毁在气相中。压力增加，自由基气相销毁速率增加，当压力增加到某一值后，自由基销毁速率 W_3 有可能大于增长速率 W_2，即 $\varphi<0$，于是系统由爆炸转为不爆炸，爆炸区与非爆炸区之间就出现了第二极限。

压力再增大，氢氧混合气体又会发生新的链锁反应，即

$$H + O_2 \xrightarrow{\text{高压}} HO_2$$

$$HO_2 \cdot + H_2 \longrightarrow H_2O + HO \cdot$$

新的链锁反应导致自由基增长速率 W_2 增大，出现 $\varphi>0$ 的情况，于是系统由不爆炸转为爆炸，这就是爆炸的第三极限。

【思考题】

1．自由基是如何产生的，其有何特点？

2．链锁反应可分为哪几个阶段？对消防工作有何启示？

3．链锁反应可如何分类，其有何区别？

4．链锁反应着火理论的基本观点是什么？

5．根据链锁反应理论的灭火分析，可提出哪些灭火措施？

第四节　电火花引燃理论

【学习目标】

1．了解引燃的特征和电火花引燃的机理。

2．熟悉电极熄火距离。

3．掌握最小点火能量。

一、引燃的特征

引燃与自燃在本质上没有什么差别，都需要外部能量的初始激发，都具有依靠热反应和（或）链锁反应促使温度升高、反应加速的共同特征。但引燃有如下特征：

（1）引燃仅在反应物的局部（点火源周围）进行，所加入的能量快速在小范围引燃可燃物，所形成的火焰要能向反应物的其余部分传播。

（2）引燃条件下的可燃预混气体通常温度较低，为保证着火成功并使火焰能在较冷的预混气体中传播，引燃的温度要远高于自燃温度。

（3）引燃的全部过程包括在可燃物局部形成火焰中心，以及火焰在可燃物中传播扩散两个阶段，其过程比自燃要复杂。

引燃与自燃一样，也有着火温度、着火感应期和着火浓度极限，但其影响因素更复杂，除可燃物的化学性质、浓度、温度、压力外，还有点火方法、点火能量和混气流动性质等。

引燃的方法很多，有炽热体引燃、火焰引燃、电火花引燃等。到目前为止，这些引燃理论都不完善，大多是简化理论。但这些简化理论在质的方面说明了各种主要因素对引燃的影响，下面仅以电火花引燃为例来进行简要介绍。

二、电火花引燃的机理

电火花引燃是实验室测试可燃气体的燃烧性能、爆炸极限以及其他参数的一种最常用的点火方式，也是发动机燃烧室中应用最普遍的一种点火方式。

关于电火花引燃的机理有两种理论：①着火的热理论。它把电火花看作为一个外加的高温热源，由于它的存在使靠近它的局部预混气体温度升高（由于导热和对流作用），以致达到着火临界条件而自燃，然后再依靠火焰传播使整个容器内的预混气体着火燃烧。②着火的电离理论。它认为预混气体的着火是由于靠近火花部分的气体被电离而形成活性中心，提供了进行链锁反应的条件，由于链锁反应的结果使预混气体燃烧起来。实验表明，这两种机理都同时存在，一般而言，低压时电离作用是主要的，但当电压提高后，主要是热作用。

根据热理论，电火花引燃预混气体大体可以划分为两个阶段。首先是电火花加热预混气体，使局部混气着火，形成初始的火焰中心，随后初始的火焰中心向未燃混气传播使整个预混气体燃烧。如果能够形成初始火焰中心并出现稳定的火焰传播，则表明引燃成功。

电火花引燃的特点是所需能量不大，如化学计量浓度的氢气-空气预混气体，电火花引燃的能量仅需 0.02mJ。

电火花引燃，通常由放在可燃预混气体中的两根电极间产生电火花放电来实现。电极可以是有法兰或无法兰的，通常用不锈钢制成。电火花可以用电容放电或感应放电来产生，电容放电是依靠电容器快速放电来产生；而感应放电则是用断电器使电路断开引起的。以电容放电为例，放电能量为

$$E = \frac{1}{2}C(V_1^2 - V_2^2) \qquad (2-4)$$

式中　　C——电容器电容（F）；

V_1、V_2——产生火花前后电容器的电压（V）。

三、最小点火能量

实验表明，对于某种预混气体，在一定的温度和压力下，只有当电火花的能量大于某一极限值才能引燃成功，这个能引起一定浓度可燃物着火燃烧所需要的最小能量称为最小引燃能量，又称最小点火能量 E_{min}，它是衡量可燃物危险性的一个重要参数。不同物质的最小点火能量见表 2-2。

从表 2-2 中可以看出，不同的可燃预混气体所需的最小点火能量 E_{min} 是不相同的。对于给定的预混气体，其混气比、混气压力及初温不同时，最小点火能量 E_{min} 也不相同。

表 2-2　不同可燃预混气体的电极熄火距离 d_q 和最小点火能量 E_{min}（化学计量比，室温，1atm）

可燃物	氧化剂	电极熄火距离 d_q/mm	E_{min}/mJ
氢	45%溴	3.63	
氢	空气	0.64	0.02
氢	氧	0.25	0.004
甲烷	空气	2.55	0.33
甲烷	氧	0.30	0.006
乙炔	空气	0.76	0.03
乙炔	氧	0.09	0.0004
乙烯	空气	1.25	0.11
乙烯	氧	0.19	0.0025
丙烷	空气	2.03	0.31
丙烷	氩空气	1.04	0.077
丙烷	氦空气	2.53	0.45
丙烷	氧	0.24	0.004
1，3-丁二烯	空气	1.25	0.24
n-戊烷	空气	3.30	0.82
苯	空气	2.79	0.55
环己烷	空气	3.30	0.85
环己烷	空气	4.06	1.38
n-己烷	空气	3.56	0.95
1-己烷	空气	1.87	0.22
n-庚烷	空气	3.81	1.15
异-辛烷	空气	2.84	0.57
异-丁烷	空气	2.20	0.34
n-癸烷	空气	2.06	0.30
1-癸烷	空气	1.96	0.28
n-丁苯	空气	2.28	0.37
氧化乙烯	空气	1.27	0.11
氧化丙烯	空气	1.32	0.19
乙醚	空气	2.54	0.49
二硫化碳	空气	0.51	0.015

四、电极熄火距离

实验还表明，当其他条件给定时，最小点火能量 E_{min} 与电极间距离 d 有关，如图 2-17 所示。

从图 2-17 中可以看出，电极距离 d 小于 d_q 时，无论多大的火花能量都不能使预混气体引燃，这个不能引燃预混气体的电极间最大距离 d_q 称为电极熄火距离。电极间距离小于熄火距离 d_q 时，由于间隙太小，电极散热作用太大，致使初始火焰中心不能向周围预混气体传播。

对于不同的预混气体，d_q 和 E_{min} 两者间有如下关系：

$$E_{min} = Kd_q^2 \qquad (2-5)$$

式中　K——比例常数，对于大多数碳氢化合物，K 值约为 $7.12×10^{-3}J/cm^2$。

从图 2-17 中还可以看出，在给定条件下，电极距离有一最危险值 $d_{危}$。电极距离等于 $d_{危}$ 时，最小点火能量 E_{min} 最小；电极距离大于或小于 $d_{危}$ 时，最小点火能量 E_{min} 增加。

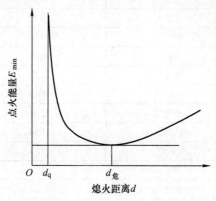

图 2-17　最小点火能量 E_{min} 与电极距离 d

【思考题】

1. 与自燃相比，引燃有何特征？

2. 电火花引燃的机理和特点是什么？

3. 什么是电极熄火距离？在消防工作中有何应用？

4. 什么是最小点火能量？电极距离对其有何影响？

第三章 可燃气体的燃烧

可燃气体的燃烧现象十分普遍，可燃气体最危险的燃烧形式就是爆炸，且在特定条件下还会引起爆轰，对建筑物、工业设施等会造成严重破坏，同时还会危及人身安全。因此，研究可燃气体的燃烧爆炸理论，对预防此类事故的发生以及事故发生后的救灾都具有重大意义。

第一节 气体的特性

【学习目标】

1. 了解气体的受热膨胀性。
2. 熟悉气体的可压缩性和液化性。
3. 掌握气体的流动扩散性。

一、流动扩散性

气体具有高度的扩散性。在一般情况下，不同气体能以任意比例相混合，能够充满任何容器，并对容器壁产生压强。这是因为气体分子的热运动使各组分相互掺和，浓度趋向均匀一致。某一组分的扩散量与单位距离上其浓度的变化量（浓度梯度）成正比，在该组分浓度梯度大的地方，扩散量大，扩散速率快。

同温同压下，气体的扩散速率与其密度的平方根成反比（格拉罕姆扩散定律），即

$$v_i \infty \sqrt{\frac{1}{\rho_i}}$$

因为

$$\frac{\rho_A}{\rho_B} = \frac{M_A}{M_B}$$

所以

$$\frac{v_A}{v_B} = \sqrt{\frac{\rho_B}{\rho_A}} = \sqrt{\frac{M_B}{M_A}} \tag{3-1}$$

式中 v——气体的扩散速率（m/s）；

ρ——气体的密度（kg/m³）；

M——气体的摩尔质量（g/mol）。

在相同条件下，气体的密度越小或摩尔质量越小，其扩散速率越快，在空气中达到爆炸极限范围所需的时间就越短。

【例题 3-1】试比较 Cl_2 和 H_2 泄漏后的扩散速率（假设容器管道内气体压力、温度相等）。

解：将 Cl_2 和 H_2 的摩尔质量代入式（3-1），得

$$\frac{v_{H_2}}{v_{Cl_2}} = \sqrt{\frac{M_{Cl_2}}{M_{H_2}}} = \sqrt{\frac{71}{2}} \approx 6$$

答：氢气泄漏的速率约是氯气的 6 倍。

在物质燃烧过程中，燃烧产物不断地溢出离开燃烧区，新鲜空气不断地补充进入燃烧区，其主要原因之一就是气体的扩散。低压气体的扩散速率因浓度梯度较小，主要由其与空气的相对密度来决定；高压气体的扩散速率主要由高压气体的冲力来决定，冲力越大，气体分子的能量越高，在周围介质中的浓度梯度越大，因而扩散速率越快，并且远远大于低压气体的自由扩散速率。

二、可压缩性和液化性

气体可以被压缩，在一定的温度和压力条件下甚至可以被压缩成液态，因此气体通常都以压缩气态或液化状态储存在钢瓶中。但是，气体压缩成液态有一个极限压力和极限温度，若超过一定的温度，气体无论施加多大的压力都不可能液化，这一温度称为临界温度，即加压后使气体液化时所允许的最高温度，用℃表示。临界温度时液化所需要的压力称为临界压力，即临界温度时使气体液化所需的最小压力，也就是在临界温度时的饱和蒸气压，用 MPa 表示。

通常临界温度较高的气体，如 NH_3、Cl_2、CO_2、SO_2 等气体，在常温常压下（低于它们的临界温度）加压即可液化。如在常温下，Cl_2 加压到 0.9～1.1MPa 时液化，石油气加压到 1.6MPa 时液化；临界温度较低的气体，如 O_2、CO、N_2 等，需经压缩并冷却到一定温度以下才能液化。如 O_2 需冷却到–183～–196℃并加压到 1.6～0.8MPa 时才能液化，N_2 需冷却到–170℃并加压到 0.2MPa 时才能液化；临界温度很低的气体如氢和氦等，需经压缩并冷却到接近绝对零度（–273.16℃）的低温才能液化。部分气体的临界温度和临界压力见表 3-1。

表 3-1 部分气体的临界温度和临界压力

物质名称	临界温度/℃	临界压力/kPa	物质名称	临界温度/℃	临界压力/kPa
He	−267.9	233.05	C_2H_4	9.7	5137.18
H_2	−239.9	1296.96	CO_2	31.1	7325.79
Ne	−228.7	2624.32	C_2H_6	32.1	4944.66
N_2	−147.1	3394.39	NH_3	132.4	11277.47
CO	−138.7	3505.85	Cl_2	144.0	7700.7
O_2	−118.8	5035.85	SO_2	157.2	7872.95
CH_4	−82.0	4640.69	SO_3	218.3	8491.04

三、受热膨胀性

气体具有受热膨胀性。因此，盛装压缩气体或液化气体的容器（钢瓶），如受高温、撞击等作用，气体就会急剧膨胀，产生很大的压力，当压力超过容器的耐压强度，就会引起容器的膨胀甚至爆炸，造成火灾事故。所以对压力容器应有防火、隔热、防晒等防护措施，不得靠近热源、受热。

【思考题】

1. 试比较氨气和乙炔气体泄漏后的扩散速率（假设容器管道内气体压力、温度相等）。
2. 简述气体的特性。
3. 气体压缩成液态必须具备的条件是什么？

第二节　可燃气体的燃烧过程和燃烧形式

【学习目标】

1. 了解可燃气体的燃烧过程。
2. 熟悉可燃气体的燃烧形式。
3. 掌握扩散燃烧和预混燃烧的特点。

一、可燃气体的燃烧过程

可燃气体的燃烧，必须经过与氧化剂接触、混合的物理阶段和着火（或爆炸）的剧烈氧化还原反应阶段。

由于化学组成不同，各种可燃气体的燃烧过程和燃烧速率也不同。通常情况下，可燃气体的燃烧过程如下：

$$可燃气体 \xrightarrow[\text{扩散}]{\text{氧化剂}} 可燃混合气体 \xrightarrow[\text{断键、活化}]{\text{火源}} 分子碎片、游离基 \xrightarrow[\text{连续氧化、燃烧}]{\text{火焰}} 产物、热量$$

由于可燃气体燃烧不需要像固体、液体那样要经过熔化、分解、蒸发等相变过程，而在常温常压下就可以按任意比例和氧化剂相互扩散混合，预混气体达到一定浓度后，遇点火源即可发生燃烧，因此可燃气体的燃烧速率大于固体、液体。组成单一、结构简单的气体（如 H_2）燃烧只需经过受热、氧化过程，而复杂的气体要经过受热、分解、氧化等过程才能开始燃烧，因此，组成简单的可燃气体比复杂的可燃气体燃烧速率快。从理论上讲，可燃气体在达到化学计量浓度时燃烧最充分，火焰传播速率达到最大值。

二、可燃气体的燃烧形式

根据可燃气体燃烧过程的控制因素不同，可分为扩散燃烧和预混燃烧两种形式。

（一）扩散燃烧

扩散燃烧是指可燃气体或蒸气与气态氧化剂相互扩散，边混合边燃烧的一种燃烧形式。扩散燃烧是人类最早使用火的一种燃烧方式。直到今天，扩散火焰仍是最常见的一种火焰。野营中使用的篝火、火把，家庭中使用的蜡烛和煤油灯等的火焰，煤炉中的燃烧以及各种发动机和工业窑炉中的液滴燃烧等都属于扩散火焰。威胁和破坏人类文明和生命财产的各种毁灭性火灾也大都是扩散燃烧造成的。扩散燃烧可以是单相的，也可以是多相的。石油和煤在空气中的燃烧属于多相扩散燃烧，而可燃气体燃料的射流燃烧属于单相扩散燃烧。

在扩散燃烧中，化学反应速率要比可燃气体混合扩散速率快得多，整个燃烧速率的快慢由物理混合速率决定，可燃气体（或蒸气）扩散多少就烧掉多少。同时燃烧所需的氧气是依靠空气扩散获得的，因而扩散火焰产生在燃料与氧化剂的交界面上。燃料与氧化剂分别从火焰两侧扩散到交界面，而燃烧所产生的燃烧产物则向火焰两侧扩散开去。扩散燃烧比较稳定，其特点是：扩散火焰不运动也不会发生回火现象，可燃气体与氧化剂的混合在可燃气喷口进行。对稳定的扩散燃烧，只要控制得好，就不至于造成火灾，一旦发生火灾也较易扑救。

（二）预混燃烧

预混燃烧又称动力燃烧或爆炸式燃烧，它是指可燃气体或蒸气预先同空气（或氧气）混合，遇火源产生带有冲击力的燃烧。

预混燃烧一般发生在封闭体系中或在混气向周围扩散速率远小于燃烧速率的敞开体系中。当大量可燃气体泄漏到空气中，或大量可燃液体泄漏到空气并迅速蒸发产生蒸气，即会在大范围空间内与空气混合形成可燃性混合气，若与点火源接触就会立即发生爆炸。一般将这种爆炸称为蒸气云爆炸，简称"UVCE"。蒸气云着火后，多数先在地面形成球状火焰，进而由于浮力而上升，同时卷席周围空气，并形成"蘑菇状火焰"。一般会造成较为严重的后果。

可燃蒸气云的形成一般有下列三种情况。

（1）常温高压下的可燃液体。闪点低于常温的可燃液体，如汽油闪点<25℃，泄漏后接受外界热量则会蒸发，持续产生的蒸气不断向周围扩散，形成蒸气云。

（2）常温高压下的可燃液化气体。临界温度高于常温的可燃气体，只是因为加压而被液化，如液化丙烷、液化丁烷等。在高压下呈气、液两相平衡状态，当其泄漏到常压的大气中时，即急剧蒸发汽化，形成蒸气云。

（3）常压低温下的可燃液体或气体。沸点低于反应或储存温度的可燃物质，如反应罐中的苯、低温储罐的液化天然气等，当其泄漏到常温的大气中时，由于环境温度比其沸点高而迅速沸腾汽化，短时间内即可能形成可燃蒸气云。

据统计，工业上可燃物质泄漏或外溢而导致 UVCE 事故的原因主要包括：①管线连接处（法兰、焊缝、螺丝连接等）泄漏；②管线因破裂、腐蚀、损坏等泄漏；③储罐因超压、破裂、腐蚀、损坏等泄漏；④阀门泄漏、因误操作或反应失控等原因造成满罐外溢等。

预混燃烧的特点是：反应混合的可燃气体不扩散，在可燃混气中引入火源即产生一个火焰中心，成为热量与化学活性粒子集中源。火焰中心把热量和活性粒子供给其周围的未燃可燃气体薄层，反应区的火焰峰按同心球面迅速向外传播，运动火焰峰是厚度约为 $10^{-4} \sim 10^{-2} \mathrm{cm}$ 的气相燃烧区，温度按混合气体组成的不同一般介于 $700 \sim 2730℃$ 之间。如果预混可燃气体从管口喷出发生预混燃烧，若可燃气体流速大于燃烧速率则在管口形成稳定的燃烧火焰，由于燃烧充分，速率快，燃烧区呈高温白炽状，如汽灯的燃烧即是如此。若可燃气体流速小于燃烧速率，则会发生"回火"。制气系统检修前不进行置换就烧焊，燃气系统开车前不进行吹扫就点火，用气系统产生负压"回火"或者漏气未被发现而用火时，往往形成预混燃烧，有可能造成设备损坏和人员伤亡。

此外，有些可燃气体还能发生分解爆炸，如乙炔、乙烯、氧化乙烯、四氟乙烯、丙烯、臭氧、NO、NO_2 等。这些可燃气体在一定压力下遇到火源会发生分解反应，同时可产生相当数量的分解热，这为爆炸提供了能量。分解产物由于升温，体积膨胀会发生爆炸。在发生爆炸前，系统所处初始压力越高，越易发生分解爆炸，所需的点火能量越小。当初始压力小到一定值时，系统便不发生分解爆炸，这个压力称为分解爆炸临界压力。一般而言，分解热在 80kJ/mol 以上的可燃气体，在一定条件（温度和压力）下遇火源即会发生爆炸。分解热是引起可燃气体爆炸的内因，一定的温度和压力则是外因。分解爆炸的条件是：

（1）分解反应是放热反应。

（2）存在火源或热源。

（3）系统初始压力大于分解爆炸临界压力 P_0。

【思考题】

1．根据可燃气体燃烧过程的控制因素不同，可燃气体的燃烧形式有哪几种？

2．简述扩散燃烧与预混燃烧的特点。

3．蒸气云是如何产生的？

4．可燃气体发生分解爆炸的条件是什么？

第三节　可燃气体的燃烧速率

【学习目标】

1．了解可燃气体燃烧速率的表示方法及估算方法。

2．掌握可燃气体燃烧速率的主要影响因素。

物质燃烧速率是可燃物质在单位时间内燃烧快慢的物理量，是制订防火措施和确定灭火战斗行动的重要参数之一。

一、可燃气体燃烧速率的表示方法

可燃气体燃烧速率是指用火焰传播速率（即火焰的移动速率，单位：cm/s）减去由于燃烧的可燃气体温度升高而产生的膨胀速率。由于可燃气体燃烧形式的不同，燃烧速率差异较大，其表示方法也不同。

（一）可燃扩散燃烧速率

可燃气体发生扩散燃烧时其燃烧速率取决于燃烧时可燃气体与助燃气体的混合速率。

这种燃烧主要是从孔洞喷出的可燃气体与空气的扩散燃烧，可近似认为一旦可燃气体喷出与助燃气体混合后就很快全部燃烧完。若控制可燃气体流量，即控制了扩散燃烧速率。一般以单位面积单位时间内可燃气体流量或线速率来表示扩散燃烧速率，单位为 $m^3/(m^2 \cdot s)$、$cm^3/(cm^2 \cdot s)$、m/s、cm/s。

油气井喷火灾、工业装置及容器破裂口喷出燃烧，都属于扩散燃烧，其燃烧可用气体流出量估算。气体（或蒸气）喷出速率与压力密切相关，压力不同，估算方法也不同。

1. 低压气体容器流出速率估算

低压设备中无相变或不发生剧烈相变介质的泄漏量，可用不可压缩流体的流量公式推算，即

$$Q = \mu A \sqrt{\frac{2\Delta p}{\rho}} \tag{3-2}$$

式中　Q——气体流量（m^3/s）；

　　　μ——流量系数（可取 0.60～0.62）；

　　　A——孔口面积（m^2）；

　　　Δp——内外压差（$10^5 Pa$）；

　　　ρ——气体密度（kg/m^3）。

压力小于 1.5MPa 的气体，在单位时间、单位面积上的流出速率也可用式（3-3）计算，即

$$v = 0.87 \sqrt{\frac{p_1 - p_0}{\rho}} \tag{3-3}$$

式中　v——气体流出速率[m/s 或 $m^3/(m^2 \cdot s)$]；

　　　p_1——设备内气体的压力（$10^5 Pa$）；

　　　p_0——外部环境压力（一般为大气压力，$10^5 Pa$）。

【例题 3-2】某压力为 $9 \times 10^5 Pa$ 的气体储罐发生裂口喷出火焰，已知该气体密度为 1.96kg/m^3，环境压力约为 $1 \times 10^5 Pa$，求气体的流出速率。

解：$v = 0.87 \sqrt{\frac{p_1 - p_0}{\rho}} = 0.87 \times \sqrt{\frac{9-1}{1.96}} \approx 1.75 (m/s)$

答：气体的流出速率为 1.75m/s。

2. 高压气体容器喷出速率估算

储存或处理高压气体的设备，气体喷出燃烧以及油气井喷火灾，因在较高压力下喷出气体或蒸气，所以呈现喷出速率快、火焰极不稳定的特征。火焰根部距喷出口的距离（该段距离是利用射流切割灭火的最佳部位）随着泄放压力的增大而增长。

高压条件下气体的喷出速率计算，可按压缩流体的等熵流动处理，即

$$v = \sqrt{\frac{2Kp_0}{(K-1)\rho_0}\left[1 - \left(\frac{p}{p_0}\right)^{\frac{K-1}{K}}\right]} \tag{3-4}$$

式中　v——开口处气流速率（m/s）；

p_0——容器内气体压力（10^5Pa）；

ρ_0——气体密度（kg/m³）；

p——环境压力（10^5Pa）；

K——喷出气体的热容比（C_P/C_V）。常见气体的 K 值见表3-2。

表3-2 常见可燃气体的 K 值

可燃气体名称	K 值	可燃气体名称	K 值
空气	1.40	氰化氢	1.31
氮气	1.40	硫化氢	1.32
氧气	1.397	二氧化硫	1.25
氢气	1.412	氯气	1.35
甲烷	1.315	氨	1.32
乙烷	1.18	氯甲烷	1.28
丙烷	1.13	氯乙烷	1.19
正丁烷	1.10	氟利昂11	1.135
丙烯	1.15	氟利昂11～12	1.138
乙烯	1.22	氟利昂11～13	1.15
一氧化碳	1.395	氟利昂11～21	1.12
二氧化碳	1.295	氟利昂11～12	1.194
一氧化氮	1.4	氟利昂11～114	1.092
二氧化氮	1.31	过热蒸汽	1.30
一氧化二氮	1.274	干饱和蒸汽	1.135

当环境压力 $p = 1 \times 10^5$Pa，且容器内气体压力 p_0 较高时，式（3-4）中 $\left[1 - \left(\dfrac{p}{p_0}\right)^{\frac{K-1}{K}}\right]$ 趋

近于1，可按式（3-5）估算，即

$$v = \sqrt{\frac{2Kp_0}{(K-1)\,\rho_0}} \tag{3-5}$$

3. 液化气体喷出速率估算

存储液化石油气等液化气体的设备，由于液化气体对外界大气条件而言是处于过饱和状态，当设备破裂发生泄漏时，立即呈减压状态，而将超过饱和条件的过量热转化为汽化潜能，闪蒸和敞开蒸发相继发生，故喷出的气流中带有相当大比例的液滴及飞雾。此类可压缩两相流体喷泄的质量速率最实用公式为

$$v_{\mathrm{m}} = C\rho \left[\frac{\rho \rho_{\mathrm{V}}(1+\delta)}{\delta}\right]^{\frac{1}{2}} \tag{3-6}$$

式中　v_{m}——气体喷出的质量速率 $\left[\mathrm{kg}/(\mathrm{m}^2 \cdot \mathrm{s})\right]$；

C——两相混合物流中的等温声速（m/s）；

ρ——两相混合物的密度（kg/m³）；

ρ_{V}——液化气体的气相密度（kg/m³）；

δ——喷出时两相流的气、液质量比。

其中，ρ 值可由式（3-7）估算，即

$$\rho = \frac{1+\delta}{\dfrac{\delta}{\rho_V} + \dfrac{1}{\rho_L}}$$ (3-7)

式中　ρ_L —— 液化气体的液相密度（kg/m³）。

当环境为大气压力时，δ 值可由式（3-8）估算，即

$$\delta = 1 - \exp\left[-\frac{C_L}{\lambda}(T_L - T_0)\right]$$ (3-8)

式中　λ —— 液化气体的汽化潜热；

　　　C_L —— 液化气体的汽化比热；

　　　T_L —— 液化气体的初始温度（K）；

　　　T_0 —— 喷出气流的温度（K）。

在强烈喷泄期间，δ 值比较稳定。随着外泄压力下降，喷流速率减小。

（二）预混燃烧速率

通常可燃气体发生预混燃烧时，其燃烧速率用其化学计量浓度时的火焰传播速率表示，单位为 m/s 或 cm/s。由于影响预混燃烧的因素较多，所以预混燃烧速率计算起来都很繁杂。以下给出几个理论计算公式，供灭火应用参考。

1. 燃烧前沿正常传播速率

燃烧前沿的传播过程包含质量交换和热量交换过程，并含有化学反应。其正常传播速率（即层流传播速率）可用式（3-9）近似计算，即

$$v_L = \frac{1}{\rho_0 C_P}\sqrt{\frac{2\lambda(q_W)_{平均}}{T_K - T_0}}$$ (3-9)

式中　v_L —— 基本燃烧速率（m/s）；

　　　ρ_0 —— 未燃气体密度（kg/m³）；

　　　C_P —— 未燃液体比热容[J/(g·K)]；

　　　λ —— 未燃气体热导率[W/(m·K)]；

　　$(q_W)_{平均}$ —— 反应区内平均热释放速率（kW/m²）；

　　　T_K —— 火焰温度（K）；

　　　T_0 —— 未燃混合物的初始温度（K）。

当已知火焰高度 L 和可燃混合物的流量时，也可用式（3-10）计算其燃烧前沿的正常传播速率，即

$$v_L = \frac{V}{\pi r_0 \sqrt{L^2 + r_0^2}}$$ (3-10)

式中　v_L —— 火焰正常传播速率（m/s）；

　　　V —— 可燃混合物的流量（m³/s）；

　　　L —— 火焰高度（m）；

　　　r_0 —— 管口半径或喷出口当量直径的 1/2（m）。

从式（3-10）可以看出，火焰传播速率越快，火焰高度越低；传播速率随气流速率的加

快而加快。当气体喷出口的口径和可燃气体混合物成分一定时，增加流量，将使火焰长度增加。若喷流量相同，传播速率较大的可燃混合物（如氢气）燃烧的火焰较短，而传播速率慢的可燃混合物（如一氧化碳）燃烧的火焰较长。实验证明，火焰稳定在喷出口上的条件是前沿面上流动速率与传播速率大小相等（方向相反），否则便会发生回火或脱火。

2. 多种可燃气体混合物的火焰传播速率

多种可燃气体混合物（如工业煤气）的火焰传播速率（最大值），可根据单一气体的传播速率（最大值）按式（3-11）计算，即

$$v_{L混} = \frac{\dfrac{P_1}{L_1}v_1 + \dfrac{P_2}{L_2}v_2 + \dfrac{P_3}{L_3}v_3 + ...}{\dfrac{P_1}{L_1} + \dfrac{P_2}{L_2} + \dfrac{P_3}{L_3} + ...} \tag{3-11}$$

式中　P_1、P_2、P_3——各单一可燃气体占可燃物质成分的体积百分比；

　　　v_1、v_2、v_3——各单一可燃气体的火焰传播速率（最大值）（m/s）；

　　　L_1、L_2、L_3——对应于 v_1、v_2、v_3 的各单一可燃气体的浓度百分比。

式（3-11）计算出的是近似值，而且只适用于同族可燃气体的混合物。对于含有不同族的可燃气体的混合物，如含有氢气、一氧化碳及甲烷的可燃混合气体，则需用实验测定。

如果可燃气体中含有惰性气体，则火焰的传播速率比不含惰性气体的火焰传播速率要慢。

（三）常见气体的燃烧速率

气体的燃烧方式不同，可燃气体占混合物的浓度不同，燃烧速率也不同。此外，压力、测定方法、温度等也影响燃烧速率。

部分可燃气体与空气混合物在标准状态下的预混燃烧速率见表 3-3。

表 3-3　部分可燃气体与空气混合物在标准状态下的预混燃烧速率

物质名称	浓度（%）	燃烧速率/（cm/s）	物质名称	浓度（%）	燃烧速率/（cm/s）
甲烷	9.80	67.0	丙烯	5.04	43.8
	9.96	33.8	丁烯	3.87	43.2
乙烷	6.28	40.1	戊烷	3.07	42.6
	6.50	85.0	己烯	2.67	42.1
丙烷	4.54	39.0	2-甲基-1-丙烯	3.83	37.5
	4.60	82.0	2-甲基-1-丁烯	3.12	39.0
丁烷	3.52	37.9	1-丙烯	5.86	69.9
	3.60	82.0	1-丁烯	4.36	58.1
戊烷	2.92	38.5	1-戊烯	3.51	52.9
己烷	2.51	38.5	1-己烯	2.97	48.5
庚烷	2.26	38.6	环己烷（气）	2.65	38.7
氢气	38.5	483	苯（气）	3.34	40.7
一氧化氮	45.0	125	2-甲基丙烷	3.48	34.9
炼焦煤气	17.0	170	2，2-二甲基丙烷	2.85	33.3
焦炭煤气	48.5	73.0	2-甲基丁烷	2.89	36.6
水煤气	43.0	310	2，2-二甲基丁烷	2.43	35.7
乙烯	7.10	142	2，3-二甲基丙烷	2.45	36.3
	7.40	68.3			

二、可燃气体燃烧速率的主要影响因素

可燃气体的扩散燃烧速率由可燃气体的流速决定，而预混燃烧速率则受混气的性质、组成、初始温度及燃烧体系与环境的热交换等因素的影响。

（一）可燃气体的性质和浓度

（1）可燃气体的还原性越强，氧化剂的氧化性越强，则燃烧反应的活化能越小，燃烧速率就越快。如 $H_2+F_2=2HF$ 的反应，即使在冷暗处也可瞬间完成，而且反应剧烈；而 H_2 与 O_2 的混合气体，在一定高温下才会发生爆炸，速率低于 H_2 和 F_2 的混合气体反应速率。

（2）可燃气体和氧化剂浓度越大，分子碰撞机会越多，反应速率越快。当可燃气体在空气中稍微高于化学计量浓度时，燃烧速率最快，爆炸最剧烈，产生的压强和温度均最高。若可燃气体浓度过大，往往发生快速燃烧（爆燃），而不是爆炸，并伴随出现向前翻卷的火焰，未燃尽的可燃气体和不完全燃烧产物与周围空气混合，再次形成扩散火焰继续燃烧。

（3）惰性气体的影响。惰性气体加入到混气中必然消耗热能，并使可燃气体燃烧反应中的自由基与惰性气体分子碰撞销毁的机会增多。因此，混气中惰性气体浓度增大，火焰传播速率减小，燃烧速率会降低。惰性气体对火焰传播速率的影响如图 3-1 所示。

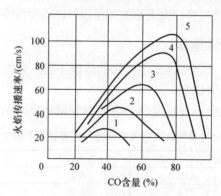

图 3-1　一氧化碳与氮气和氧气的混合体系的火焰传播速率

1—87%N_2+13%O_2　2—79%N_2+21%O_2　3—70%N_2+30%O_2　4—60%N_2+40%O_2　5—11.5%N_2+88.5%O_2

（二）气体的初始温度

化学反应温度对反应速率的影响，表现在反应速率常数 k 与温度 T 的关系上。根据式（1-2）可知，k 与 T 呈指数关系，T 的一个较小变化，将会使 k 发生很大变化。按范特霍夫规则估算，温度每升高 $10℃$，反应速率大约为原来速率的 $2\sim4$ 倍。根据实验得出，燃烧速率与可燃气体初始温度的关系为

$$v = v_0 \left(\frac{T}{T_0} \right)^n \tag{3-12}$$

式中　v、v_0——温度为 T 和 T_0 时的燃烧速率（m/s）；

n——实验常数，一般约为 $1.7\sim2.0$。

可燃气体被加热后会大大提高燃烧速率，其火焰传播速率明显增大。一氧化碳混合物的

温度对火焰传播速率的影响如图 3-2 所示。

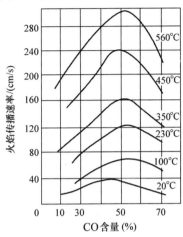

图 3-2　一氧化碳混合物的温度对火焰传播速率的影响

（三）燃烧体系与环境的热交换

容器或管道的直径、材质决定燃烧体系在环境中的热损失大小。热损失越大，燃烧速率越小。

1. 管径

可燃气体在容器或管道内发生燃烧，容器、管道的直径对火焰传播速率有明显的影响。

设一管道长 L，截面是半径为 r 的圆，当这段管道内充满可燃气体时，混气与管壁接触的比表面积为

$$S_{比} = \frac{管壁总面积}{混气体积} = \frac{2\pi rL}{\pi r^2 L} = \frac{2}{r} \tag{3-13}$$

若用截面圆的直径 d 表示，则为

$$S_{比} = \frac{4}{d}$$

显然，管径越大，$S_{比}$ 越小，混气燃烧的热损失越少。一般而言，火焰传播速率随管径的增大而增大，但当增大到临界直径后，火焰传播速率不再增加；管径减小时，火焰传播速率随之减小，当管径小到临界直径时，由于散热比表面大，热量损失大于反应热，从而使火焰熄灭。正在燃烧的混合可燃气体通过小于临界直径的管道时，温度会降至燃点以下而熄灭。甲烷-空气的混合物在不同管径时的火焰传播速率见表 3-4。

表 3-4　甲烷-空气混合物在不同管径时的火焰传播速率　（单位：cm/s）

甲烷的浓度（%）	管径/cm					
	2.5	10	20	40	60	80
6	23.5	43.5	63	95	118	137
7	35	60	73.5	120	145	165
8	50	80	100	154	183	203
9	63.5	100	130	182	210	228
10	65	110	136	188	215	236
11	54	94	110	170	202	213
12	35	74	80	123	163	185
13	22	45	62	101	130	138
13.5	—	40	—	90	115	132

2. 管道、容器材质的导热性

可燃性气体在与环境热交换比表面积相同的情况下，发生燃烧的管道、容器材质的导热性越好，燃烧体系向环境的散热量越大，热量的损失必然造成燃烧速率的降低和火焰传播速率的减慢，甚至使燃烧停止。

【思考题】

1. 可燃气体的燃烧速率如何表示？
2. 可燃气体的燃烧速率估算方法有哪些？
3. 影响可燃气体燃烧速率的主要因素有哪些？

第四节　可燃气体的爆炸

【学习目标】

1. 了解爆炸的分类和爆炸压力。
2. 熟悉爆炸极限的影响因素及破坏作用。
3. 掌握爆炸、爆炸极限的概念，爆炸极限的计算及应用。

一、爆炸的特征和分类

（一）爆炸及其特征

爆炸是指在周围介质中瞬间形成高压的化学反应或状态变化，通常伴有强烈放热、发光和声响。从广义上讲，物质由一种状态迅速地转变为另一种状态，并在瞬间以机械功的形式释放出巨大能量，或是气体、蒸气在瞬间发生剧烈膨胀等现象，称为爆炸。

一般来说，爆炸现象具有以下特征：

（1）爆炸过程高速进行。

（2）爆炸点附近压力急剧升高，多数爆炸伴有温度升高。

（3）发出声响。

（4）周围介质发生振动或邻近物质遭到破坏。

爆炸现象的特征也可从内部特征和外部特征两方面来说明。

（1）内部特征：发生爆炸时，大量气体和能量在有限的体积内突然释放或急剧转化，造成高温高压等非常态对邻近介质形成急剧的压力突跃和随后的复杂运动，显示出不寻常的移动或机械破坏效应。

（2）外部特征：爆炸将能量以一定的方式转变为原物质或产物的压缩能，随后物质由压缩态膨胀，在膨胀过程中做机械功，进而引起附近介质的变形、破坏和移动，同时由于介质振动而发生一定的声响效应。热量是爆炸能量的源泉，快速使有限的能量高度积聚，生成或存在的气体则是能量转换、能量释放的工作介质。

（二）爆炸的分类

1. 按爆炸的原因和性质分类

按爆炸的原因和性质，可将爆炸分为核爆炸、物理爆炸和化学爆炸。

（1）核爆炸。某些物质的原子核发生裂变反应（如 U^{235} 的裂变）或聚变（如氘、氚、锂的聚变）反应时，瞬间释放出巨大能量而发生的爆炸，如原子弹、氢弹、中子弹的爆炸。

（2）物理爆炸。这是一种纯物理过程，只发生物态变化，不发生化学反应。这类爆炸是因容器内的气相或液相压力升高超过容器所能承受的压力，造成容器破裂所致，如蒸汽锅炉爆炸、轮胎爆炸、液化石油气钢瓶爆炸等。

（3）化学爆炸。物质发生高速放热化学反应（主要是氧化反应及分解反应），产生大量气体，并急剧膨胀做功而形成的爆炸现象。例如，炸药的爆炸，可燃气体、可燃粉尘与空气混合后的爆炸，均属化学爆炸。

2. 按照爆炸反应相分类

按照参加爆炸反应物的状态，可分为气相爆炸、液相爆炸和固相爆炸。

（1）气相爆炸。气相爆炸是指在气体（主要是空气）中发生的爆炸，大部分为化学爆炸。这是可燃性气体发生燃烧反应的一种形态，主要包括单一气体或混合气体爆炸、液雾爆炸、粉尘爆炸等。氢气、一氧化碳、甲烷等可燃气体和助燃气体（通常为空气）的混合气体所发生的爆炸都属于气相爆炸。

（2）液相爆炸。液相爆炸是指液相和气相间发生急剧相变时的现象，包括聚合物爆炸、蒸气爆炸以及由不同液体混合所引起的爆炸。例如，硝酸和油脂、液氧和煤粉等物质混合时所引起的爆炸。

（3）固相爆炸。固相爆炸是指某些固体物质发生剧烈化学反应所形成的爆炸。这类固体物质很多，包括爆炸性化合物及其他爆炸性物质的爆炸（如乙炔铜的分解爆炸）。

3. 按爆炸传播速率分类

化学爆炸按照爆炸传播速率，可分为爆燃、爆炸、爆轰（又称爆震）。

（1）爆燃。爆燃是指以亚音速传播的燃烧。通常指爆炸速率在每秒数米以下的爆炸，这种爆炸的破坏力不大，声响也不大。例如，无烟火药在空气中的快速燃烧，可燃气体混合物在接近爆炸浓度上限或下限时的爆炸等。

（2）爆炸。爆炸是指在周围介质中瞬间形成高压的化学反应或状态变化，通常伴有强烈放热、发光和声响。通常指速率为每秒十几米到数百米的爆炸。这种爆炸能在爆炸点周围引起压力的激增，有震耳的声响，有较大的破坏力，爆炸产物传播速率很快而且可变。例如，火药遇火源引起的爆炸，可燃气体混合物在多数情况下的爆炸。

（3）爆轰。爆轰是指以冲击波为特征，传播速率大于未反应物质中声速的化学反应。通常指爆炸速率为每秒千米的爆炸。发生爆轰时能在爆炸点引起极高压力，并产生超音速的冲击波。这种爆炸的特点是具备了相应的条件之后突然发生的（时间在 $10^{-5}\sim10^{-6}$ s 之间），同时产生高速（2000~3000m/s）、高温（1300~3000℃）、高压（10万~40万大气压）、高能（2930~6279kJ/kg）、高冲击力（破坏力）的冲击波。这种冲击波能远离爆震源独立存在，并能引起位于一定距离处、与其没有联系的其他爆炸性气体混合物或炸药的爆炸，从而产生一种"殉爆"现象。所以，爆轰具有很大的破坏力。各种处于部分或全部封闭状态下的炸药爆炸处于特定的浓度范围内预混可燃气（如氢气和空气混合物为18%～59%）或处于高压下的爆炸均属于爆轰。部分混合物爆轰发生时的压力、温度、速率见表3-5。

表 3-5 部分混合物爆轰发生时的压力、温度、速率

混合物	$P/\times 10^5 Pa$	T/K	$v/$（m/s）	
			计算值	试验值
$2H_2+O_2$	18.05	3585	2806	2819
$(2H_2+O_2)+5O_2$	14.13	2620	1732	1700
$(2H_2+O_2)+5N_2$	14.39	2685	1850	1822
$(2H_2+O_2)+5H_2$	15.97	2975	3627	3527
$(2H_2+O_2)+5He$	16.32	2097	3617	3160
$(2H_2+O_2)+Ar$	16.32	3097	1762	1700

（三）爆轰

爆轰实际上是一种激波，这种激波由预混气的燃烧而产生，并依靠燃烧时释放的化学能量维持。

1. 爆轰的产生

假设现有一根装有可燃预混气的长管，管子一端封闭，在封闭端点燃混气，形成一燃烧波。开始的燃烧波是正常火焰，由正常火焰传播产生的已燃气体，由于温度升高，体积会膨胀。体积膨胀的已燃气体就相当于一个活塞——燃气活塞，压缩未燃混气，产生一系列的压缩波，这些压缩波向未燃烧混气传播，各自使波前未燃混气的 ρ、P、T 发生一个微小增量，并使未燃混气获得一个微小向前运动的速度，因此，后面的压缩波波速比前面的大。当管子足够长时，后面的压缩波就有可能一个赶上一个，最后重叠在一起，形成激波。由此可见，激波一定在开始形成的正常火焰前面产生。一旦激波形成，由于激波后面压力非常大，使未燃混气着火。经过一段时间以后，正常火焰传播与激波引起的燃烧合二为一。于是激波传播到哪里，哪里的混气就着火，火焰传播速率与激波速率相同。激波后的已燃气体又连续向前传递一系列的压缩波，并不断提供能量以阻止激波强度的衰减，从而得到一稳定的爆轰波。

2. 爆轰的形成条件

（1）初始正常火焰传播能形成压缩扰动。爆轰波的实质是一个激波，该激波是燃烧产生的压缩扰动形成的。初始正常火焰传播能否形成压缩扰动，是能否产生爆轰波的关键。因为只有压缩波才具有后面的波速比前面快的特点。

（2）管道足够长或自由空间的预混气体积足够大。由一系列压缩波重叠形成的激波有一个过程，需要一段距离，若管道不够长，或自由空间的预混气体积不够大，初始正常火焰传播便不能形成激波。

爆轰波位于正常火焰峰之前。正常火焰峰与爆轰波之间的距离称为爆轰前期间距。在其他条件都相同的情况下，爆轰前期间距与管径有着密切的关系，该关系可用管径的倍数表示。对于光滑的管道，爆轰前期间距为管径的数十倍。对于表面粗糙的管子，爆轰前期间距为管径的2～4倍。

（3）可燃气体浓度处于爆轰极限范围内。爆轰和爆炸一样，也存在极限问题，但爆轰极限范围一般比爆炸极限范围窄。若可燃气体浓度没在爆轰极限范围内，就不会发生爆轰。

（4）管道直径大于爆轰临界直径。管道直径越小，火焰热损失越大，火焰中自由基碰撞到管壁销毁的机会越多，火焰传播越慢。当管径小到一定程度以后，火焰便不能传播，也就不能形成爆轰，管道能形成爆轰的最小直径称为爆轰临界直径，约为 12～15mm。

（四）爆炸的破坏作用

爆炸引起的破坏作用主要表现为爆炸冲击波、震荡作用、爆炸碎片和造成次生事故等。

1．爆炸冲击波

爆炸形成的冲击波是一种通过空气传播的压力波，产生的高温、高压、高能量密度的气体产物以极高的速率向周围膨胀，强烈压缩周围的静止空气，使其压力、密度和温度突然升高，像活塞运动一样向前推进，产生波状气压向四周扩散冲击。

这种冲击波能造成附近建筑物的破坏，其破坏程度与冲击波的能量大小有关，与建筑物本身的坚固性和建筑物与产生冲击波的中心距离有关。同样的建筑物，在同一距离内由于冲击波扩散所受到的阻挡作用不同，受到的破坏程度也不同。此外还与建筑的形状和大小有关。如果建筑物的宽和高都不大，冲击波易于绕过，则破坏较轻；反之，则破坏较重。冲击波对砖墙建筑物的破坏见表 3-6，对生物体杀伤作用见表 3-7。

表 3-6　冲击波对砖墙建筑物的破坏

超压力/$\times 10^5$Pa	建筑物损坏情况
<0.02	基本上没有破坏
0.02～0.12	玻璃窗的部分或全部破坏
0.12～0.3	门窗部分破坏，砖墙出现小裂纹
0.3～0.5	门窗大部分破坏，砖墙出现严重裂纹
0.5～0.76	门窗全部破坏，墙砖部分倒塌
>0.76	墙倒屋塌

表 3-7　冲击波对生物体杀伤作用

超压力/$\times 10^5$Pa	生物体杀伤情况
<0.1	无损伤
0.1～0.25	轻伤，出现 $\frac{1}{4}$ 的肺气肿，2～3 个内脏出血点
0.25～0.45	中伤，出现 $\frac{1}{3}$ 的肺气肿，1～3 片内脏出血，一个大片内脏出血
0.45～0.75	重伤，出现 $\frac{1}{2}$ 的肺气肿，三个以上的片状出血，两个以上大片内脏出血
>0.75	伤势严重，无法挽救，死亡

2．震荡作用

爆炸发生时，特别是较猛烈的爆炸往往会引起短暂的地震波。例如，哈尔滨亚麻厂发生粉尘爆炸时，有连续 3 次爆炸，结果在该市地震局的地震检测仪上，记录了在 7s 之内的曲线上出现 3 次高峰。在爆炸波及的范围内，这种地震波会造成爆源附近地面及地面一切物体产生颠簸和摇晃，当这种震荡作用达到一定的强度时，即可造成爆炸区周围建筑物和构筑物的开裂、松散、倒塌等破坏作用。

3．爆炸碎片

爆炸的破坏效应会使机械设备、装备、容器等材料的碎片飞散出去，其距离一般可达 100～

500m，在相当大的范围造成伤害。化工生产爆炸事故中，由于爆炸碎片造成的伤亡占很大比例。

在工程爆破中，特别是进行抛掷爆破和用裸露药包进行爆破时，个别岩石块可能飞散得很远，常常造成人员、设备和建筑物的破坏。

4. 造成次生事故

爆炸发生时，如果车间、库房（如制氢车间、汽油库或其他建筑物）里存放有可燃物质，会造成火灾；高空作业人员受冲击波或震荡作用，会造成高空坠落事故；粉尘作业场所，轻微的爆炸冲击波会使积存在地面上的粉尘扬起，造成更大范围的二次爆炸等。

二、爆炸极限和爆轰极限

（一）爆炸极限

对可燃气体、蒸气或粉尘与空气的混合物，并不是在任何浓度下，遇到火源都有爆炸危险，而必须处于合适的浓度范围内，遇火源才能发生爆炸。例如，实验表明，对氢气和空气的混合气体，只有当氢气的浓度在4.1%～75%的范围内时，混合气体遇火源才会发生爆炸。氢气浓度低于4.1%或者高于75%时，混合气体遇火源都不会发生爆炸。

可燃气体、蒸气或粉尘与空气混合后，遇火源能发生爆炸的最低浓度和最高浓度范围，称为可燃气体、蒸气或粉尘的爆炸浓度极限（又称爆炸极限）。对应的最低浓度称为爆炸下限，最高浓度称为爆炸上限。气体、蒸气的爆炸极限，通常用体积百分比（%）表示；粉尘通常用单位体积中的质量（g/m^3）表示。

通常爆炸混合物的浓度低于下限或高于上限时，既不能发生爆炸也不能发生燃烧。但是，若浓度高于爆炸上限的爆炸混合物，离开密闭的容器、设备或空间，重新遇空气仍有燃烧或爆炸的危险。

爆炸极限是评定可燃气体、蒸气和粉尘爆炸危险性大小的主要依据。爆炸下限越低，爆炸范围越广，爆炸危险性就越大。控制可燃物质浓度在爆炸下限以下或爆炸上限以上，是保证安全生产、储存、运输和使用的基本措施之一。

（二）爆轰极限

与爆炸浓度极限一样，气体混合物发生爆轰（爆震）也有一定的浓度范围和上限、下限。爆轰（爆震）极限范围一般比爆炸极限范围窄。有些可燃气体和蒸气，只有在与氧气混合时才能发生爆轰（爆震）。部分可燃气体或蒸气的爆轰（爆震）浓度极限见表3-8。

表3-8　部分可燃气体或蒸气的爆轰（爆震）浓度范围

气体混合物		爆炸极限（%）	爆轰（爆震）极限（%）
可燃气体或蒸气	助燃气体		
氢气	空气	4.1～75.0	18.3～59.0
氢气	氧气	4.7～94.0	15.0～90.0
一氧化碳	氧气	12.5～74.2	38.0～90.0
氢气	氧气	15.0～28.0	25.4～75.0
乙炔	空气	2.5～82.0	4.2～50.0
乙炔	氧气	2.8～93.0	3.2～37.0
乙醚	氧气	2.1～82.0	2.6～40.0

（三）爆炸危险度

可燃气体爆炸下限越低，只要有少量可燃气体泄漏在空气中就会形成爆炸性混合气体；可燃气体爆炸上限越高，那么少量空气进入装有可燃气体的容器就能形成爆炸性预混气体。据此引入爆炸危险度计算公式为

$$H_a = \frac{L_上 - L_下}{L_下} \qquad\qquad (3-14)$$

式中　H_a——可燃气体爆炸危险度；

$L_上$、$L_下$——可燃气体爆炸上限、下限（%）。

【例题 3-3】 已知氨气与空气混合后的爆炸极限为（15%～28%），试求氨气的爆炸危险度。

解：将氨气的爆炸极限代入式（3-14）得

$$H_a = \frac{28\% - 15\%}{15\%} \approx 0.87$$

答：氨气的爆炸危险度约为 0.87。

爆炸危险度是衡量可燃气体或蒸气爆炸危险性大小的重要指标，其数值越大，危险性也越大。某些可燃气体爆炸危险度指标见表 3-9。

表 3-9　某些可燃气体爆炸危险度指标

名称	爆炸危险度 H_a	名称	爆炸危险度 H_a
氨气	0.87	汽油	4.84
甲烷	2.00	辛烷	5.50
乙烷	3.17	苯	5.67
乙醇	4.76	乙酸丁酯	5.33
丙烷	3.50	氢气	17.30
丁烷	3.47	乙炔	31.80
一氧化碳	4.90	二硫化碳	49.00

三、爆炸极限和爆炸压力的估算

（一）爆炸极限的估算

各种可燃气体和液体蒸气的爆炸极限可用专门仪器测定，也可用经验公式计算出近似值。虽然计算值与实测值有一定误差，但仍不失其参考价值。以下介绍爆炸极限的三种计算方法。

1. 经验公式法

某些纯净的有机化合物（气体或蒸气）的爆炸极限可用下述经验公式估算，即

$$L_下 = \frac{1}{4.76(2A-1)+1} \times 100\% \qquad\qquad (3-15)$$

$$L_上 = \frac{1}{4.76\frac{A}{2}+1} \times 100\% \qquad\qquad (3-16)$$

式中 A——数值上等于 1mol 有机物完全燃烧所需氧气的物质的量。

其中,用式(3-16)计算爆炸浓度上限误差较大。

【例题 3-4】求乙酸乙酯的爆炸浓度极限。

解:乙酸乙酯分子式为 $C_4H_8O_2$,在空气中完全燃烧反应式为

$$C_4H_8O_2+5O_2+5\times3.76N_2 \Longrightarrow 4CO_2+4H_2O+5\times3.76N_2+Q$$

根据上述燃烧反应方程式可知:$A=5$

分别代入式(3-15)和(3-16),得

$$L_下=\frac{1}{4.76(2\times5-1)+1}\times100\%=\frac{1}{43.84}\times100\%=2.28\%$$

$$L_上=\frac{1}{4.76\times\frac{5}{2}+1}\%=\frac{1}{12.9}\times100\%=7.75\%$$

答:乙酸乙酯的爆炸浓度极限为 2.28%~7.75%。

(注:《危险化学品安全技术大典》(第 I 卷)乙酸乙酯的爆炸极限为 2.20%~11.50%)

2. 通过化学计量浓度估算

可燃气体与空气中的氧气恰好完全反应时,可燃气体在空气中的含量(体积百分比)称为化学计量浓度。对于可燃气体或蒸气来说,化学计量浓度是发生燃烧爆炸最危险的浓度。据实验证明,各种有机可燃物质在空气中燃烧的化学计量浓度与该物质爆炸极限浓度之间保持一个近似不变的常数关系,故可采用化学计量浓度估算爆炸极限。

(1)化学计量浓度 x_0 可按式(3-17)计算,即

$$x_0=\frac{1}{4.76A+1}\times100\% \tag{3-17}$$

式中 A——1mol 可燃有机物完全燃烧所需氧气的物质的量;

x_0——化学计量浓度(%)。

(2)爆炸极限的估算公式为

$$L_下\approx0.55x_0 \tag{3-18}$$

$$L_上\approx4.8\sqrt{x_0} \tag{3-19}$$

【例题 3-5】试估算丙烷(C_3H_8)的爆炸极限。

解:(1)根据燃烧反应式可知丙烷所需氧气的物质的量 $A=5$,代入式(3-17),则化学计量浓度为

$$x_0=\frac{1}{4.76A+1}\times100\%=\frac{1}{4.76\times5+1}\times100\%\approx4.03\%$$

(2)已知丙烷的 $x_0=4.03\%$,将有关数值代入式(3-18)和式(3-19),则其爆炸浓度极限为

$$L_下\approx0.55x_0=0.55\times4.03\approx2.22(\%)$$

$$L_上\approx4.8\sqrt{x_0}=4.8\sqrt{4.03}\approx9.6(\%)$$

答:丙烷的爆炸下限为 2.22%,爆炸上限为 9.64%。

3．可燃气体混合物爆炸浓度极限近似计算

$$L_{混}=\frac{1}{\dfrac{V_1}{L_1}+\dfrac{V_2}{L_2}+\dfrac{V_3}{L_3}+\cdots+\dfrac{V_n}{L_n}}\times100\%$$　　　　（3-20）

公式（3-20）称为莱-夏特尔公式。

式中　　　　$L_{混}$——混合可燃气体的爆炸极限（%）；

V_1、V_2、$V_3\cdots V_n$——气体混合物中各组分的百分数（%）；

L_1、L_2、$L_3\cdots L_n$——混合物中各组分的爆炸浓度极限（如果计算爆炸下限，则 L_1、L_2、$L_3\cdots$
L_n 代入各组分的爆炸下限浓度）（%）。

【例题 3-6】制水煤气的化学反应为 $H_2O_{(g)}+C_{(炽热)}\xlongequal{\qquad}CO+H_2$，经干燥的水煤气所含 CO 和 H_2 均为 50%，求经干燥的水煤气的爆炸浓度极限。

解：查表 3-8 得 CO 爆炸极限为 12.5%～74.2%；H_2 爆炸极限为 4.1%～75.0%，将有关数值代入式（3-20），得

$$L_{混下}=\frac{1}{\dfrac{V_1}{L_1}+\dfrac{V_2}{L_2}}\times100\%=\frac{1}{\dfrac{50\%}{12.5\%}+\dfrac{50\%}{4.1\%}}\times100\%=6.17\%$$

$$L_{混上}=\frac{1}{\dfrac{V_1}{L_1}+\dfrac{V_2}{L_2}}\times100\%=\frac{1}{\dfrac{50\%}{74.2\%}+\dfrac{50\%}{75.0\%}}\times100\%=74.60\%$$

答：该水煤气爆炸浓度极限为 6.17%～74.60%。

用上述公式计算的结果，大多数与实验值一致，但对含氢-乙炔，氢-硫化氢、硫化氢-甲烷及含二硫化碳等混合气体，误差较大。

（二）爆炸压力的计算

密闭容器或房间内的可燃混合气体在发生爆炸式燃烧反应时，由于反应速率很快，反应释放出的热量几乎全部被用于加热燃烧产物，因而使反应体系的压力剧增，这时反应体系的压力就称为爆炸压力。它是爆炸事故具有杀伤性和破坏性的主要因素。

在密闭容器或房间内的可燃混合气体发生的爆炸过程可认为是绝热等容过程。对处于化学计量浓度的可燃混合气体来说，爆炸反应后体系的温度达到理论爆炸温度（即按绝热等容过程考虑求出的绝热燃烧温度），对应于理论爆炸温度时等容体系所达到的压力就是最大爆炸压力的计算值。根据理想气体状态方程 $pV=nRT$，可以写出爆炸反应（绝热等容过程）前后，体系的压力、温度及气体物质的量之间存在下面的关系式，此关系式即是可燃气体或蒸气与空气混合物的爆炸压力的计算公式。

$$p_{爆炸}=\frac{T_{爆炸}n_{爆炸}}{T_0n_0}\times p_0$$　　　　（3-21）

式中　p_0、$p_{爆炸}$——爆炸混合物的初压和爆炸压力（Pa）；

T_0、$T_{爆炸}$——爆炸混合物的初温和爆炸温度（K）；

n_0——爆炸前反应物的物质的量（mol）；

$n_{爆炸}$——爆炸后燃烧产物的物质的量（mol）。

【例题 3-7】 1mol 丙烷与空气按化学计量比混合成为可燃气体，存放在密闭的耐压容器中，假设爆炸前可燃混合气体的压力为 98kPa，温度为 18℃，爆炸温度为 1977℃，试求该反应体系的最大爆炸压力。

解：1mol 丙烷在空气中完全燃烧的反应式为

$$C_3H_8 + 5O_2 + 5 \times 3.76N_2 === 3CO_2 + 4H_2O + 5 \times 3.76N_2$$

爆炸前反应物的物质的量 n_0=24.8mol，爆炸后产物的物质的量 $n_{爆炸}$=25.8mol，将已知数据代入式（3-21）中，即可求出该反应体系的最大爆炸压力为

$$p_{爆} = \frac{(273+1977) \times 25.8}{(273+18) \times 24.8} \times 98 \approx 788 kPa$$

答：该反应体系的最大爆炸压力为 788 kPa。

部分可燃气体（蒸气）的最大爆炸压力见表 3-10。

表 3-10　部分可燃气体（蒸气）的最大爆炸压力

气体（蒸气）名称	浓度（%）	最大爆炸压力/×101.325kPa	气体（蒸气）名称	浓度（%）	最大爆炸压力/×101.325kPa
氢	3.5	7.06	环己烷	3	8.32
甲烷	10	7.11	丙酮	6	8.22
乙烷	7	7.64	苯	4	8.32
己烷	3	8.41	乙醇	—	5.32

（三）爆炸极限在消防中的应用

物质的爆炸极限是正确评价生产、储存过程的火灾危险程度的主要参数，是建筑、电气和其他防火安全技术的重要依据。

1. 评定可燃气体爆炸危险性大小

可燃气体、可燃液体的爆炸下限越低，爆炸范围越广，爆炸危险性就越大。例如，乙炔的爆炸极限为 2.5%～82%；氢气的爆炸极限为 4.1%～75%；氨气的爆炸极限为 15.0%～28%。其爆炸危险性为乙炔>氢气>氨气。

可燃气体爆炸下限是评定可燃气体分级和确定其火灾类别的标准，爆炸下限小于 10% 的可燃气体的火灾危险性类别为甲类，爆炸下限大于或等于 10% 的可燃气体的火灾危险性类别为乙类。

2. 确定工业建筑防火措施的依据

爆炸下限可用来确定工业建筑的火险类别，在《建筑设计防火规范》（GB 50016—2014）中，工业建筑是根据火灾危险性的不同来分别要求的。火灾危险性高的建筑物，耐火等级选用一、二级，防火间距小，防火分隔面积小；火灾危险性低的建筑物，耐火等级可选用三、四级，防火间距可相应增大，防火分隔面积也可相应增大。

3．确定安全生产操作规程

采用可燃气体或蒸气氧化法生产时，应使可燃气体或蒸气与氧化剂的配比处于爆炸极限以外（如氨氧化制硝酸），若处于或接近爆炸极限进行生产时，应充惰性气体稀释保护（如甲醇氧化制甲醛）。

在生产和使用可燃气体、易燃液体的场所，还应根据它们的爆炸危险性采取诸如密封设备、加强通风、定期检测、开停车前后吹洗置换设备系统、建立检修动火制度等防火安全措施。发生火灾时，应视气体、液体的爆炸危险性大小采取冷却降温、减速降压、排空泄料、停车停泵、关闭阀门、断绝气源、使用相应灭火剂扑救等措施，阻止火势扩展，防止爆炸的发生。

四、爆炸极限的主要影响因素

不同的可燃气体和液体蒸气，因理化性质不同具有不同的爆炸极限；就是同种可燃气体（蒸气），其爆炸极限也会因外界条件的变化而变化。

（一）初始温度

爆炸性混合物在遇到点火源之前的初始温度升高，使爆炸极限范围增大，即爆炸下限降低，上限增高，爆炸危险性增加。这是因为温度升高，会使反应物分子活性增大，因而反应速率加快，反应时间缩短，导致反应放热速率增加，散热减少，使爆炸容易发生。氢气在空气中不同温度时的爆炸极限如图 3-3 所示。

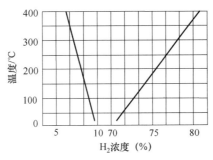

图 3-3　氢气在空气中不同温度时的爆炸极限（火焰向下传播）

不同温度时丙酮的爆炸极限见表 3-11。

表 3-11　不同温度时丙酮的爆炸极限

混合物的温度/℃	0	50	100
爆炸下限（%）	4.2	4.0	3.2
爆炸上限（%）	8.0	9.8	10.0

（二）初始压力

多数爆炸性混合物的初始压力增加时，爆炸极限范围变宽，爆炸危险性增加。压力对爆炸上限的影响较对爆炸下限的影响要大。因为初始压力高，分子间距缩短，碰撞机率增高，使爆炸反应容易进行。压力降低，爆炸范围缩小，降至一定值时，其下限与上限重合，此时的压力称为爆炸的临界压力。临界压力的存在，表明在密闭的设备内进行减压操作，可以避免爆炸危险。若压力低于临界压力，则不会发生爆炸。因此，爆炸危险性较大的工艺操作常采用负压以保安全。以一氧化碳为例，爆炸极限在 101.325kPa 时为 15.5%～68%，在 79.8kPa 时为 16%～65%，在 53.2kPa 时为 19.5%～57.5%，在 39.9kPa 时为 22.5%～51.5%，在 30.59kPa 时上下限合为 37.4%，在 26.6kPa 时就没有爆炸危险了。甲烷在空气中不同压力下的爆炸极限如图 3-4 所示。

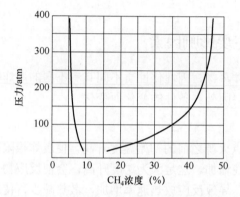

图 3-4　甲烷在空气中不同压力下的爆炸极限

注：1atm=101.325kPa

（三）混合物中的含氧量

可燃混合物中氧含量增加，一般对爆炸下限影响不大，因为在下限浓度时氧气相对可燃气体是过量的。而在上限浓度时氧含量相对不足，所以增加氧含量会使上限显著增高。氨气的爆炸极限随着氧含量的变化情况，如图 3-5 所示。

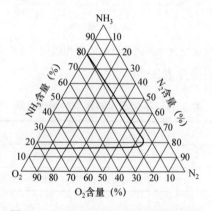

图 3-5　NH_3-O_2-N_2 混合气体爆炸极限

几种可燃气体在空气中和纯氧中的爆炸极限见表 3-12。

表 3-12   几种可燃气体在空气中和纯氧中的爆炸极限

物质名称	在空气中		在纯氧中	
	爆炸极限（%）	范围	爆炸极限（%）	范围
甲烷	5.0～15.0	10.0	5.4～60.0	54.6
乙烷	3.0～12.5	9.5	3.0～66.0	63.0
丙烷	2.1～9.5	7.4	2.3～55.0	52.7
丁烷	1.9～8.5	6.6	1.8～49.0	47.2
乙烯	2.7～36.0	33.3	3.0～80.0	77.0
乙炔	2.5～82.0	79.5	2.8～93.0	90.2
氢气	4.1～75.0	70.9	4.7～94.0	89.3
氨气	15.0～28.0	13.0	13.5～79.0	65.5
一氧化碳	12.5～74.2	61.7	15.5～94.0	78.5
丙烯	2.4～10.3	7.9	2.1～53.0	50.9
乙醚	1.7～49.0	47.1	2.1～82.0	79.9

（四）惰性气体含量及杂质

若在混合物中加入惰性气体（氮气、二氧化碳等），将使其爆炸极限范围缩小，一般是对上限的影响比对下限的影响显著，当惰性气体含量逐渐增大达到一定浓度时，可使混合气体不爆炸。二氧化碳对汽油蒸气爆炸极限的影响见表 3-13。

表 3-13   二氧化碳对汽油蒸气爆炸极限的影响

二氧化碳（%）	爆炸上、下限（%）	爆炸危险度	二氧化碳（%）	爆炸上、下限（%）	爆炸危险度
0	1.4～7.4	4.28	27	2.3～3.5	0.66
10	1.4～5.6	3.00	28	2.7	≈0
20	1.8～4.2	1.33	>28	不爆炸	0

（五）容器的直径和材质

充装混合物的容器直径越小，火焰在其中的蔓延速率越小，爆炸极限的范围就越小。当容器直径小到一定程度时（即临界直径），火焰会因不能通过而熄灭，气体混合物便可免除爆炸危险。汽油贮罐和某些气体管道上安装阻火器，就是根据这个原理制作的，以阻止火焰和爆炸波的传播。阻火器的孔径或沟道的大小，视气体或蒸气的着火危险程度而定。例如，甲烷的临界直径为 0.4～0.5mm，汽油、氢和乙炔的临界直径为 0.1～0.2mm。

容器的材质对爆炸极限也有影响。例如，氢和氟在玻璃容器中混合，即使在液态空气的温度下于黑暗中也会发生爆炸；而在银制的容器中，在常温下才能发生反应。

（六）最低引爆能量

各种爆炸性混合物都有一个最低引爆能量，也称最小点火能量。爆炸性混合物的点火能量越小，其燃爆危险性就越大，低于该能量，混合物就不爆炸。

例如，甲烷若用 100V 电压、1A 电流的电火花去点，无论在什么浓度下都不会爆炸；2A电流时，其爆炸极限为 5.9%～13.6%；3A 电流时，其爆炸极限为 5.85%～14.8%。部分烷烃的最低引爆能量与爆炸极限和火源强度的关系见表3-14。

表3-14 部分烷烃的最低引爆能量与爆炸极限和火源强度的关系

烷烃名称	最低引爆能量/mJ	电压/V	爆炸极限（%）		
			1A	2A	3A
甲烷	0.28	100	不爆	5.9～13.6	5.85～14.8
乙烷	0.285	100	不爆	3.5～10.1	3.4～10.6
丙烷	0.305	100	3.6～4.5	2.8～7.6	2.8～7.7
丁烷	0.24	100	不爆	1.3～4.4	1.3～4.6

掌握各种可燃气体混合物爆炸所需要的最小点火能量，对于在有爆炸危险的场所选用安全的电气设备、火灾自动报警系统和各种电动仪表等，都具有很大的实际意义。

【思考题】

1．影响爆炸极限的因素主要有哪些？
2．简述化学爆炸发生的条件和爆炸的破坏作用。
3．试计算丁烷的爆炸极限及爆炸危险度。
4．试计算丙酮的爆炸极限及爆炸危险度。
5．在相同的条件下试比较丙酮与丁烷的爆炸危险性大小。

第五节　可燃气体爆炸的预防

【学习目标】

1．了解阻火装置和泄压装置。
2．掌握可燃气体爆炸的条件、预防可燃气体爆炸的方法和惰性气体保护法。

可燃气体爆炸必须同时具备三个条件：①有可燃气体；②有空气，且可燃气体与空气的混合比例必须在一定范围内，即预混可燃气体浓度处在爆炸极限范围内；③足够能量的点火源。这三个条件缺少任何一个条件，都不能发生爆炸。因此，根据可燃气体爆炸的条件，可采取有效的措施预防可燃气体的爆炸。

以上条件对防止可燃气体爆轰、液体蒸气爆炸及粉尘爆炸，同样是适用的。

一、严格控制点火源

点火源种类很多，如电焊、气焊产生的明火源；电气设备启动、关闭、短路时产生的电火花；静电放电引起的火花；物体相互撞击、摩擦时产生的火花等。在有可燃气体的场所，应严格控制各种点火源的产生。

电火花或电弧是引起可燃气体爆炸的一个主要点火源。由于在运行过程中设备或线路的短路，电气设备或线路接触电阻过大，超负荷或通风散热不良等使其温度升高，产生电火花或电弧。电火花可分为工作火花和事故火花两类，前者是电气设备（如直流电焊机）正常工作时产生的火花，后者是电气设备和线路发生故障或错误作业时出现的火花。电火花一般具有较高的温度，特别是电弧的温度可达 8700～9700℃，不仅能引起可燃物质燃烧，还能使金属熔化飞溅，产生危险的火源。

具有爆炸危险的厂房、矿井内，应根据危险程度的不同采用防爆型电气设备。按照防爆结构和防爆性能的不同特点，防爆电气设备可分为增安型、隔爆型、充油型、充砂型、通风充气型、本质安全型、无火花型、特殊型等。

二、防止可燃气体和空气形成爆炸性混合气体

凡是能产生、储存和输送可燃气体的设备和管线，应严格密封，防止可燃气体泄漏到大气中，与空气形成爆炸性混合气体。在重要防爆场所应装置监测仪，以便对现场可燃气体泄漏情况随时进行监测。

在不可能保证设备绝对密封的情况下，应使厂房、车间保持良好的通风条件，使泄漏的少量可燃气体能随时排走，不形成爆炸性的混合气体。在设计通风排风系统时，应考虑可燃气体的密度。有的可燃气体比空气轻（例如氢气），泄漏出来以后往往聚积在屋顶，与屋顶空气形成爆炸性混合气体，因此屋顶应有天窗等排气通道。有的可燃气体比空气重，有可能聚积在地沟等低洼地带，与空气形成爆炸性混合气体，应采取措施排走。为此设置的防爆通风排风系统，其鼓风机叶片应采用撞击下不会产生火花的材料。

当厂房内或设备内已充满爆炸性混合气体又不易排走，或某些生产工艺过程中，可燃气体难免与空气（氧气）接触时（例如利用氨和氧生产硝酸，利用甲醇和氧生产甲醛，汽油罐液面上的油蒸气和空气混合），可用惰性气体（氮气、二氧化碳等）进行稀释，使之形成的混合气体不在爆炸极限之内，不具备爆炸性，这种方法称为惰性气体保护。在易燃固体物质的压碎、研磨、筛分、混合以及粉状物质的输送过程中，也可以用惰性气体进行保护。

将可燃气体与氧气在不同比例的惰性气体中的爆炸浓度范围画在三角形线图上，可以得到三种成分的混合气体的爆炸界限图。甲烷-氧-氮三种成分混合气体的爆炸界限图如图 3-6 所示。

图中三角形区域为爆炸区。连接正三角形顶点 CH_4 和对边（含氧量坐标线）21% 处点的直线称为空气组分线，因为在该直线上任意一点，氧与氮之比等于 21:79。空气组分线与爆炸三角区的交点 $x_上$、$x_下$ 即为甲烷在空气中的爆炸上限和爆炸下限。平行氮气坐标线作爆炸三角区的切线，得到临界氧气浓度线，该线与氧坐标线的交点（约12%处）即为氧气含量的临界值。在添加惰性气体时，只要混气中的氧含量处在临界值以下，混气遇火就不会发生爆炸。甲烷的临界

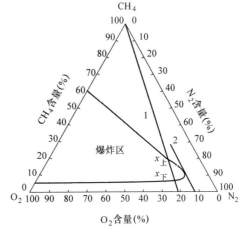

图 3-6　甲烷-氧-氮三种成分混合气体的爆炸界限图
1—空气组分线　2—临界氧气浓度线

消防燃烧学

氧含量为 12%（温度为 26℃，1atm）。各种可燃气体在常温常压下的临界氧含量（体积分数）见表 3-15。

表 3-15　各种可燃气体在常温常压下的临界氧含量

可燃气体	临界含氧量（%）	
	添加 CO_2	添加 N_2
甲烷	14.6	12.1
乙烷	13.4	11.0
丙烷	14.3	11.4
丁烷	14.5	12.1
戊烷	14.4	12.1
己烷	14.5	11.9
汽油	14.4	11.6
乙烯	11.7	11.0
丙烯	14.1	11.5
环丙烷	13.9	11.7
氢气	5.9	5.0
一氧化碳	5.9	5.0
丁二烯	13.9	10.4
苯	13.9	11.2

要使三组分混合气体中的氧气含量小于临界值，惰性气体用量可用式（3-22）计算，即

$$V = \frac{21 - C_0}{C_0} \times V_0 \qquad (3\text{-}22)$$

式中　V——惰性气体需用量（m^3）；

C_0——表 3-17 中查到的临界氧含量（%）；

V_0——设备内原有的空气容积（m^3）。

如使用的惰性气体中含有部分氧气，则惰性气体用量可用式（3-23）计算，即

$$V = \frac{21 - C_0}{C_0 - C_0'} \times V_0 \qquad (3\text{-}23)$$

式中　C_0'——惰性气体中的氧气含量（%）。

【例题 3-8】乙烷用氮气保护，临界氧含量值为 11%，设备内原有空气容积为 100m^3，试求氮气用量。

解：

$$V = \frac{21 - 11}{11} \times 100 = 90.9 （m^3）$$

答：氮气用量为 90.9m^3。

这就是说必须向空气容积为 100m^3 的设备内送入 90.9m^3 的纯氮气，乙烷和空气才不能形成爆炸性混气。

【例题 3-9】乙烷用氮气保护，临界氧含量值为 11%，设备内原有空气容积为 100m^3，若加入的氮气中含有 6% 的氧气，求该种氮气的用量。

解：

$$V = \frac{21-11}{11-6} \times 100 = 200 \ （m^3）$$

答：通入 $200m^3$ 的该种氮气才是安全的。

三、切断爆炸传播途径

可燃气体发生爆炸时，为了阻止火焰传播，需设置阻火装置。可安装阻火装置的设备有：石油罐的开口部位、可燃气体的输入管路、溶剂回收管路、燃气烟囱、干燥机排气管、气体焊接设备与管道等。其作用是防止火焰窜入设备、容器与管道内，或阻止火焰在设备和管道内扩展。其工作原理是在可燃气体进出口两侧之间设置阻火介质，当任一侧着火时，火焰的传播就被阻止而不会烧向另一侧。常用的阻火装置有安全水封、阻火器和单向阀。

在某些爆炸性混合气体中，火焰传播速率随传播距离的增加而增加，并变为爆轰。一旦变成爆轰，要阻止其传播，还需要安装爆轰抑制器。

（一）安全液封

安全液封阻火装置以液体作为阻火介质，目前广泛使用的是安全水封。它以水作为阻火介质，一般安装在气体管线与生产设备之间。例如，各种气体发生器或气柜多用安全水封进行阻火。来自气体发生器或气柜的可燃气体，经安全水封输送到生产设备中，如果安全水封某一侧着火，火焰传到安全水封时，因水的作用，阻止了火焰蔓延到安全水封的另一侧。常用的安全水封有敞开式（图 3-7）和封闭式（图 3-8）两种。

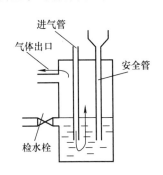

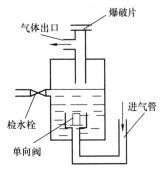

图 3-7　敞开式安全水封的构造　　　　图 3-8　封闭式安全水封的构造

（二）阻火器

阻火器是一种利用间隙消焰，防止火焰传播的干式安全装置。这种安全装置结构比较简单，造价低廉，安装维修方便，应用比较广泛。在容易引起爆炸的高热设备、燃烧室、高温氧化炉、高温反应器等与输送可燃气体、易燃液体蒸气的管线之间，以及易燃液体、可燃气体的容器、管道、设备的排气管上，多用阻火器进行阻火。

间隙消焰是指通过金属网的火焰，由于与网面接触，火焰中的部分活性基团（自由基）失去活性而销毁，使链锁反应中止。这种现象称为间隙消焰现象，它是阻火器的工作原理。

消焰直径是设计阻火器的重要参数。消焰直径是指使混合气体着火时不传播火焰的管路临界直径。

消焰元件是许多间隙的集合体，是阻火器中重要的组成部分。消焰元件选择得当与否，对装置的阻火能力有决定性的影响。一般采用具有不燃性、透气性的多孔材料制作消焰元件，并且它应具有一定的强度。最常用的是金属网，此外也使用波纹金属片、多孔板、细粒（如砂粒、玻璃球、铁屑或铜屑）充填层、狭缝板、金属细管束等来制作消焰元件。金属网阻火器如图 3-9 所示。

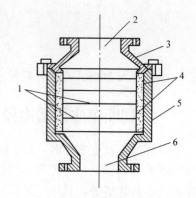

图 3-9　金属网阻火器
1—金属网　2—进口　3—上盖
4—垫圈　5—阀体　6—出口

（三）单向阀

单向阀也称逆止阀，其作用是仅允许可燃气体或液体向一个方向流动，遇有倒流时即自行关闭，从而避免在燃气或燃油系统中发生流体倒流，或高压窜入低压造成容器管道的爆裂，或发生回火时火焰的倒袭和蔓延等事故。在工业生产上，通常在流体的进口与出口之间、燃气或燃油管道及设备相连接的辅助管线上、高压与低压系统之间的低压系统上或压缩机与油泵的出口管线上安装单向阀，单向阀如图 3-10 所示。

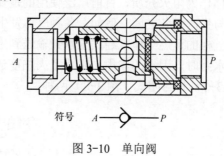

符号　$A \rightarrow P$

图 3-10　单向阀

四、泄压装置

防爆泄压装置主要有安全阀和爆破片。

安全阀主要用于防止物理性爆炸。当设备内压力超过一定值以后，安全阀自动开启，泄出部分气体，降低压力至安全范围内再自动关闭，从而实现设备内压力的自动控制，保护设备不被破坏。

爆破片主要用于防止化学性爆炸，特别是爆炸时要求全量泄放的设备。它的工作原理是根据爆炸压力上升特点，在设备的适当位置设置一定大小面积的脆性材料，构成薄弱的环节，当发生爆炸时，这些薄弱环节在较小爆炸压力作用下首先被破坏，立即将大量气体全部泄放出去，使设备主体得到保护。

【思考题】

1．可燃气体爆炸应具备哪些条件？

2．预防可燃气体爆炸的基本方法有哪些？

3．甲烷用氮气保护，临界氧含量为 12.1%，设备内原有空气容积为 $100 m^3$，求氮气用量。

4．切断爆炸传播途径常用的装置有哪些？其工作原理是什么？

第四章 可燃液体的燃烧

可燃液体的燃烧，并不是可燃液体本身在燃烧，而是可燃性液体先蒸发汽化后再与空气混合，进而发生燃烧。作为典型的可燃性液体原油，由于热量传播的不同特点易形成热波，引发原油和重质油品的沸溢和喷溅，使燃烧变得更为猛烈，火势更难控制。

第一节 液体的特性

【学习目标】

1. 熟悉液体的特性。
2. 掌握表征液体特性的参数。

液体都有挥发性，在一定的温度条件下，液体都会由液态转变为气态。液体蒸发速率的快慢主要取决于液体的性质和温度。

将液体置于密闭的真空容器中，液体表面能量大的分子就会克服液面邻近分子的吸引力，脱离液面进入液面以上空间成为蒸气分子。进入空间的分子由于热运动，有一部分又可能撞到液体表面，被液面吸引而凝结。开始时，由于液面以上空间尚无蒸气分子，蒸发速率最大，凝结速率为零。随着蒸发过程的继续，蒸气分子浓度增加，凝结速率也增加，最后凝结速率和蒸发速率相等，液体（液相）和它的蒸气（气相）就会达到气液平衡状态。气液这种平衡是一种动态平衡，即液面分子仍在蒸发，蒸气分子仍在凝结，只是蒸发速率和凝结速率相等，即

$$液体 \underset{液化}{\overset{汽化}{\rightleftharpoons}} 蒸气$$

一、蒸发热

在液体体系同外界环境没有热量交换的情况下，随着液体蒸发过程的进行，由于失掉了高能量分子而使液体分子的平均动能减小，液体温度逐渐降低。欲使液体保持原有温度，即维持液体分子的平均动能，必须从外界吸收热量。这就是说，要使液体在恒温恒压下蒸发，必须从周围坏境吸收热量。这种使液体在恒温恒压下汽化或蒸发所必须吸收的热量，称为液体的汽化热或蒸发热。该蒸发热一方面消耗于增加液体分子动能以克服分子间引力而使分子逸出液面进入蒸气状态，另一方面它又消耗于汽化时体积膨胀所做的功。

显然，不同液体因分子间引力不同，其蒸发热势必不同，即使是同一液体，当质量不相等或温度不相同时，其蒸发热也不相同。因此常在一定温度压力下取 lmol 液体的蒸发热做比较，这时的蒸发热称为摩尔蒸发热，以ΔH_V表示。一般来说，液体分子间引力越大，其蒸发

热越大，液体越难蒸发。

二、饱和蒸气压

在一定温度下，液体和它的蒸气处于平衡状态时，蒸气所具有的压力称为饱和蒸气压，简称蒸气压。液体的饱和蒸气压是液体的重要性质，它仅与液体本身和温度有关，而与液体的数量及液面上的体积无关。在相同温度下，液体分子之间的引力强，则液体分子难以克服引力而变为蒸气，蒸气压就低；反之，液体分子间引力弱，则蒸气压就高。对同一液体来说，升高温度，液体分子中能量大的数目增多，能克服液体表面引力变为蒸气的分子数目也就多，蒸气压就大；反之，若降低温度，则蒸气压就小。图 4-1 介绍了几种液体在不同温度下蒸气压的变化曲线。

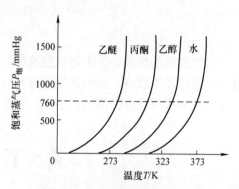

图 4-1　几种液体在不同温度下
蒸气压的变化曲线

三、液体的沸点

液体的沸点是指液体的饱和蒸气压与外界压力相等时的温度。在此温度时，汽化在整个液体中进行，称为沸腾；而在低于此温度时的汽化，则仅限于在液面上进行。这是在沸点以下和达到沸点时液体汽化的区别。

显然，液体沸点同外界气压密切相关。外界气压升高，液体的沸点也升高；外界气压降低，液体的沸点也降低。当外界压力为 $1.01325 \times 10^5 Pa$ 时，液体的沸点称为正常沸点。部分液体的沸点和蒸发热见表 4-1。

表 4-1　部分液体的沸点和蒸发热（ΔH_t）

物质名称	分子式	ΔH_V（在沸点时）/（kJ/mol）	沸点/℃
甲烷	CH_4	9.20	−161
乙烷	C_2H_6	13.79	−89
丙烷	C_3H_8	18.06	−30
丁烷	C_4H_{10}	22.24	−0
己烷	C_6H_{14}	28.55	68
辛烷	C_8H_{18}	33.86	125
癸烷	$C_{10}H_{22}$	35.78	160
氟化氢	HF	30.14	17
氯化氢	HCl	15.05	−84
溴化氢	HBr	16.30	−70
碘化氢	HI	18.14	−37
水	H_2O	40.59	100
硫化氢	H_2S	18.77	−61
氨	NH_3	23.53	−33
磷化氢	PH_3	14.59	−88
硅烷	SiH_4	12.33	−112

四、液体饱和蒸气浓度

在空气中的蒸气有饱和不饱和之分。不饱和蒸气压是蒸发与凝聚未达到平衡时的蒸气压，其大小是不断变化的，其变化范围从零到饱和蒸气压。饱和蒸气压是液体的蒸发和蒸气的凝聚达到平衡时的蒸气压，其大小在一定温度下是一定的，饱和蒸气的浓度也是一定的。

根据道尔顿的分压定律，在混合气体中，各气体的压力分数、体积分数和摩尔分数是相等的，即

$$\frac{p_A}{p} = \frac{V_A}{V} = \frac{n_A}{n} \tag{4-1}$$

式中　p_A——气体组分 A 的分压力（Pa）；

V_A——气体组分 A 的分体积（m^3）；

n_A——气体组分 A 的物质的量（mol）；

p——混合气体的总压力（Pa）；

V——混合气体的总体积（m^3）；

n——混合气体的总物质的量（mol）。

所以，气体组分 A 的体积百分比浓度等于

$$\frac{p_A}{p} = \frac{V_A}{V}$$

$$V_A = \frac{p_A}{p} V_A \tag{4-2}$$

【思考题】

可燃性液体主要有哪些特性，分别举例说明，并说明这些特性各由什么参数来评定？

第二节　可燃液体的燃烧过程和燃烧形式

【学习目标】

1．熟悉可燃液体的燃烧过程及燃烧形式。

2．理解沸程、热波特性等概念。

3．掌握沸溢式燃烧和喷溅式燃烧的形成过程、条件及征兆。

一、可燃液体的燃烧过程

一切可燃液体都能在任何温度下蒸发形成蒸气并与空气或氧气混合扩散，当达到爆炸极限时，与火源接触发生连续燃烧或爆炸的现象，称为可燃液体的引燃着火。发生引燃着火的液体最低温度称为液体的燃点或着火点。因而，液体的燃烧主要是以气相形式进行有焰燃烧，其燃烧历程为

$$液体 \xrightarrow{热} 蒸气 \xrightarrow[氧化、分解]{热、氧化剂} 中间产物 \xrightarrow{燃烧} 产物 + 热$$

蒸发相变是可燃液体燃烧的准备阶段,而其蒸气的燃烧过程与可燃气体是相同的。

轻质液体的蒸发纯属物理过程,液体分子只要吸收一定能量克服周围分子的引力即可进入气相并进一步被氧化分解,发生燃烧。因而轻质液体的蒸发耗能低,蒸气浓度较大,点火后首先在蒸气与空气的接触界面上产生瞬时的预混火焰,随后形成稳定的燃烧。着火初期由于液面温度不高,蒸气补充不快,燃烧速率不太快,产生的火焰就不太高。随着燃烧的持续,火焰的热辐射使液体表面升温,蒸发速率加快,燃烧速率和火焰高度也随之增大,直到液体沸腾,烧完为止。

重质液体的蒸发除了有相变的物理过程外,在高温下还伴随有化学裂解。重质液体的各组分沸点、密度、闪点等都相差很大,燃烧速率一般是先快后慢。沸点较低的轻组分先蒸发燃烧,高沸点的重质组分吸收大量辐射热在重力作用下向液体深部沉降。液体中重质组分比例不断增加,蒸发速率降低而导致燃烧速率逐渐减小。随着燃烧的进行,液体具有相当高的表面温度,形成高温热波向下传播,有些组分在此温度下尚未达沸点即已开始热分解,产生轻质可燃蒸气和碳质残余物,分解的气体产物继续燃烧。火焰的辐射可使液体燃烧的速率加快,火焰增大。火焰中尚未完全燃烧的分子碎片、碳粒及部分蒸气,在扩散过程中降温凝成液雾,于火焰上方形成浓度较大的烟雾,当液面温度接近重质组分的沸点时,稳定燃烧的火焰将达最高。

二、可燃液体的燃烧形式

(一)蒸发燃烧

蒸发燃烧即可燃液体受热后边蒸发边与空气相互扩散混合、遇点火源发生燃烧,呈现有火焰的气相燃烧形式。

1. 常压下液体自由表面的燃烧(池状燃烧)

蒸发燃烧的过程是边蒸发扩散边氧化燃烧,燃烧速率较慢而稳定。如果可燃液体流速较快,则可燃液体流出部分表面呈池状燃烧,可燃液体流到哪里,便将火焰传播到哪里,具有很大危险。

闪点较高的可燃液体呈池状往往不容易一下点燃,如把它吸附在灯芯上就很容易点燃。例如:煤油灯、柴油炉在多孔物质的浸润作用下液体蒸发表面增大,而灯芯又是一种有效的绝热体,具有较好的蓄热作用。点火源的能量足以使灯芯吸附的部分可燃液体迅速蒸发,使局部蒸气浓度达到燃烧浓度,一点就燃。燃烧产生的热量又进一步加快了灯芯上可燃液体的蒸发,使火焰温度、高度和亮度增加,达到稳定燃烧,直到可燃液体全部烧完。因此,在防火工作中要注意高闪点液体吸附在棉被等多孔物质上发生自燃和着火的危险。

2. 可燃液体的喷流式燃烧

在压力作用下,从容器或管道内喷射出来的可燃液体呈喷流式燃烧(如油井井喷火灾、高压容器火灾等)。这种燃烧形式实际上也属于蒸发燃烧。可燃液体在高压喷流过程中,分子具有较大动能，喷出后迅速蒸发扩散，冲击力大，燃烧速率快，火焰高。在燃烧初期，如能设法关闭阀门（或防喷器）切断可燃液体来源，较易扑灭；否则，燃烧时间过长，会使阀门或井口装置被严重烧损，则较难扑救。

（二）动力燃烧

可燃液体的蒸气、低闪点液雾预先与空气（或氧气）混合，遇火源产生带有冲击力的燃烧称为动力燃烧。

可燃液体的动力燃烧与可燃气体的动力燃烧具有相同的特点。快速喷出的低闪点液雾，由于蒸发面积大、速率快，在与空气进行混合的同时即已形成其蒸气与空气的混合气体，所以遇点火源就产生动力燃烧，使未完全汽化的小雾滴在高温条件下立即参与燃烧，燃烧速率远大于蒸发燃烧。例如，雾化汽油、煤油等挥发性较强的烃类在汽缸内的燃烧；煤油汽灯的燃烧速率之所以大于一般煤油灯的燃烧速率，因为它是预混燃烧，氧化充分，表现出火焰白亮、炽热的燃烧现象。

密闭容器中的可燃性液体，受高温会使体系温度骤然升高，蒸发加快，有可能使容器发生爆炸并导致相继产生的混合气体发生二次爆炸。而乙醚、汽油等挥发性强、闪点低的可燃液体，其液面以上相当大的空间即为其蒸气与空气形成的爆炸性混合气体，即使静电火花都会使之发生燃烧甚至爆炸。

（三）沸溢式燃烧和喷溅式燃烧

可燃液体的蒸气与空气在液面上边混合边燃烧，燃烧放出的热量向可燃液体内部传播。由于液体特性不同，热量在液体中的传播具有不同特点，在一定条件下，热量在原油或重质油品中的传播会形成热波，并引起原油或重质油品的沸溢和喷溅，使火灾变得更加猛烈。现以原油为例进行讨论。

1．基本概念

（1）初沸点。原油中密度最小的烃类沸腾时的温度，也是原油中最低的沸点。

（2）终沸点。原油中密度最大的烃类沸腾时的温度，也是原油中最高的沸点。

（3）沸程。不同密度不同沸点的所有馏分转变为蒸气的最低和最高沸点的温度范围。单组分液体只有沸点而无沸程。

（4）轻组分。原油中密度轻、沸点低的很少一部分烃类组分。

（5）重组分。原油中密度大、沸点高的很少一部分烃类组分。

2．单组分可燃液体燃烧时热量在液层的传播特点

单组分可燃液体（如甲醇、丙酮、苯等）和沸程较窄的混合可燃液体（如煤油、汽油等），在自由表面燃烧时，很短时间内就形成稳定燃烧，且燃烧速率基本不变。燃烧时火焰的热量通过辐射传入液体表面，然后通过导热向液面以下传递，由于受热液体密度减小而向上运动，所以热量只能传入很浅的液层内。几种单组分可燃液体燃烧时液层中的温度分布情况如图 4-2 所示。

从图 4-2 中可以看出，不同可燃液体其温度分布的厚度是不相同的，即热量由液面向液体内部渗入的深度是不相同的。煤油温度分布厚约 50mm；汽油较薄，约 30mm；石油醚更

薄，约 25mm。

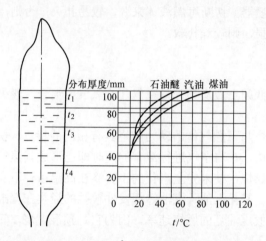

图 4-2 几种单组分可燃液体燃烧时液层中的温度分布

单组分可燃液体燃烧具有以下特点：

（1）液面温度接近但稍低于液体的沸点。可燃液体燃烧时，火焰传给液面的热量使液面温度升高。接近沸点时，液面的温度则不再升高。可燃液体在敞开空间燃烧时，蒸发在非平衡状态下进行，且液面要不断向液体内部传热，所以液面温度不可能达到沸点，而是稍低于沸点。

（2）液面加热层很薄。单组分油品和沸程很窄的可燃混合油品，在池状稳定燃烧时，热量只传播到较浅的油层中，即液面加热层很薄。这与通常人们认为的"液面加热层随时间不断加厚"是不符合的。

可燃液体稳定燃烧时，液体蒸发速率是一定的，火焰的形状和热释放速率是一定的，因此，火焰传递给液面的热量也是一定的。这部分热量一方面用于蒸发液体，另一方面用于向下加热液体层。如果加热厚度越来越少，而用于蒸发液体的热量越来越多，那么火焰燃烧将加剧。但是，这与单组分可燃液体能形成稳定燃烧的性质是不符合的。因此，可燃液体在稳定燃烧时，液面下的温度分布是一定的。

3. 原油燃烧时热量在液层的传播特点

沸程较宽的可燃混合液体主要是一些重质油品，如原油、渣油、蜡油、沥青、润滑油等，由于没有固定的沸点，在燃烧过程中，火焰向液面传递的热量首先使低沸点组分蒸发并进入燃烧区燃烧，而沸点较高的重质部分则携带在表面接受的热量向液体深层沉降，形成一个热的峰面向液体深层传播，逐渐深入并加热冷的液层，最后形成一个温度较高的界面，此界面称为热波。液体能形成热波的特性称为热波特性。

热波的初始温度等于液面的温度，等于该时刻原油中最轻组分的沸点。随着原油的连续燃烧，液面蒸发组分的沸点越来越高，热波的温度会由 150℃ 逐渐上升到 315℃，比水的沸点高得多。热波在液层中向下移动的速率称为热波传播速率，它比液体的直线燃烧速率（即液面下降速率）快，两者的比较见表 4-2。在已知某种油品的热波传播速率后，就可以根据燃烧时间估算可燃液体内部高温层的厚度，进而判断含水的重质油品发生沸溢和喷溅的时间。因此，热波传播速率是扑救重质油品火灾时要用到的重要参数。

表 4-2　热波传播速率与直线燃烧速率的比较

油品种类		热波传播速率/（mm·min⁻¹）	直线燃烧速率/（mm·min⁻¹）
轻质油品	含水（质量分数）<0.3%	7～15	1.7～7.5
	含水（质量分数）>0.3%	7.5～20	1.7～7.5
重质燃油及燃料油	含水（质量分数）<0.3%	约 8	1.3～2.2
	含水（质量分数）>0.3%	3～20	1.3～2.3
初馏分（原油轻组分）		4.2～5.8	2.5～4.2

4．沸溢和喷溅

含有水分、黏度较大的重质石油产品，如原油、重油、沥青油等，发生燃烧时，有可能产生沸溢和喷溅现象。

（1）沸溢式燃烧

原油黏度比较大，且都含有一定的水分，例如，大庆原油含水量 6.6%，脱水后还含有 0.5%的水分，恩氏黏度（50℃时）为 3.41°E。在原油中的水一般以乳化水和水垫两种形式存在。乳化水是原油在开采运输过程中，原油中的水由于强力搅拌成细小的水珠悬浮于油中而形成的。放置久后，油水分离，水因密度大而沉降在底部形成水垫。

在热波向液体深层运动中，由于热波温度远高于水的沸点，因而热波会使油品中的乳化水汽化，大量的蒸气就要穿过油层向液面逸出，在向上移动过程中形成油包气的气泡，即油的一部分形成了含有大量蒸气气泡的泡沫。这样，必然使可燃液体体积膨胀，向外溢出，同时部分未形成泡沫的油品也会被下面的蒸气膨胀力抛出罐外，使液面猛烈沸腾起来，就像"跑锅"一样，这种现象称为沸溢。

从沸溢形成的过程说明，沸溢式燃烧必须具备下列条件：

1）原油具有热波的特性。

2）原油中必须含有乳化水，水遇热波变成蒸气。

3）原油黏度较大，使水蒸气不容易从下向上穿过油层。如果原油黏度较低，水蒸气很容易通过油层，就不容易形成沸溢。

4）原油离罐口比较近。

（2）喷溅式燃烧

喷溅式燃烧是指贮罐中含水垫层的原油、重油、沥青等石油产品随着燃烧的进行，热波的温度逐渐升高，热波向下传递的距离也越远，当到达水垫时，水垫的水大量蒸发，蒸气体积迅速膨胀，以至把水垫上面的液体层抛向空中燃烧，这种现象称为喷溅式燃烧。

从喷溅形成的过程来看，喷溅式燃烧必须具备三个条件：

1）原油具有形成热波的特性，即沸程要宽，密度相差较大。

2）油罐底部有水垫层。

3）热波头温度高于水的沸点，并与水垫层接触。

一般情况下，发生沸溢要比喷溅的时间早得多。发生沸溢的时间与原油种类，水分含量有关。根据试验，含有 1%水分的石油，经 45～60min 燃烧就会发生沸溢。喷溅发生时间与油层厚度、热波移动速率及油的燃烧线速率有关，可近似用式（4-3）计算，即

$$t = \frac{H-h}{v_0 + v_t} - KH \qquad (4-3)$$

式中　t——预计发生喷溅的时间（h）；

　　　H——贮罐中油面高度（m）；

　　　h——贮罐中水垫层的高度（m）；

　　　v_0——原油燃烧线速率（m/h）；

　　　v_t——原油的热波传播速率（m/h）；

　　　K——提前系数（m/h），贮油温度低于燃点取 0，温度高于燃点取 0.1。

（3）沸溢和喷溅燃烧的早期预测

在油罐火灾中，沸溢发生之前往往表现出种种征兆。油罐火灾在出现沸溢、喷溅前，通常会出现液滴自油面上跳动并发出"啪叽啪叽"的微爆噪声，燃烧出现异常，火焰呈现大尺度的脉动、闪烁，油罐开始出现振动等，往往是在这些异常现象出现之后的数秒到数十秒发生沸溢。

油罐火灾在出现喷溅前，通常会出现以下现象：油面蠕动、涌涨现象；火焰增大，发亮、变白；出现油沫 2～4 次；烟色由浓变淡；发生剧烈的"嘶嘶"声；金属油罐会发生罐壁颤抖，伴有强烈的噪声（液面剧烈沸腾和金属罐壁变形所引起的），烟雾减少，火焰更加发亮，火舌尺寸更大，火舌形似火箭。

当油罐火灾发生喷溅时，能把燃油抛出 70～120m，不仅使火灾猛烈发展，而且严重危及扑救人员的生命安全，应及时组织撤退，以减少人员伤亡。随着科学技术的进步与发展，应用现代火灾科学的原理和方法，研究沸溢和喷溅的形成规律，弄清其发生的基本条件和影响因素，寻求监测预报沸溢和喷溅前兆的途径，将为有效地防止和预测沸溢和喷溅火灾的发生，正确地制订灭火战术，并为储罐安全工程设计，提供可靠的科学依据。

【思考题】

1．可燃液体的燃烧形式有哪些？

2．单组分可燃液体物质燃烧时热量传播的特点有哪些？

3．什么是热波？

4．分别说明原油罐沸溢和喷溅的形成过程，并说明它们有什么相同点和不同之处。

5．沸溢和喷溅的形成条件有哪些？分析说明能形成热波的重质油品在火灾燃烧时是否一定能形成沸溢或喷溅。

6．沸溢和喷溅发生前的征兆有哪些？

第三节　可燃液体的燃烧速率

【学习目标】

1．了解可燃液体燃烧速率的表示方法。

2．熟悉可燃液体燃烧速率的主要影响因素。

一、可燃液体燃烧速率的表示方法

可燃液体燃烧速率通常有两种表示方法，即燃烧线速率和质量燃烧速率。

（1）燃烧线速率。单位时间内燃烧掉的液层厚度，可用式（4-4）表示，即

$$v = \frac{H}{t} \tag{4-4}$$

式中　v——燃烧线速率（m/h）；

　　　H——可燃液体燃烧掉的厚度（m）；

　　　t——可燃液体燃烧所需要的时间（h）。

（2）质量燃烧速率。单位时间内单位面积燃烧的液体的质量，可用式（4-5）表示，即

$$G = \frac{m}{st} \tag{4-5}$$

式中　G——质量燃烧速率[kg/（m²·h）]；

　　　m——燃烧掉的液体质量（kg）；

　　　s——可燃液体燃烧的表面积（m²）；

　　　t——可燃液体燃烧时间（h）。

（3）燃烧质量速率与燃烧线速率的关系。已知可燃液体的密度ρ（单位为 kg/m³），则液体质量 $m=\rho sH$，所以质量燃烧速率也可以表示为

$$G=v\rho \tag{4-6}$$

某些可燃液体的燃烧速率见表 4-3。

表 4-3　某些可燃液体的燃烧速率

名称	密度 ρ/（×10³kg/m³）	燃烧速率	
		燃烧线速率 v/（mm/min）	质量燃烧速率 G/[kg/（m²·h）]
航空汽油	0.73	2.1	91.98
车用汽油	0.77	1.75	80.88
煤油	0.835	1.10	55.11
直接蒸馏的汽油	0.938	1.41	78.1
丙酮	0.79	1.4	66.36
苯	0.879	3.15	165.37
甲苯	0.866	2.68	138.29
二甲苯	0.861	2.04	104.05
乙醚	0.715	2.93	125.84
甲醇	0.791	1.2	57.6
丁醇	0.81	1.069	52.08
戊醇	0.81	1.297	63.034
二硫化碳	1.27	1.745	132.97
松节油	0.86	2.41	123.84
醋酸乙酯	0.715	1.32	70.31

（4）可燃液体液面火焰的传播速率。当可燃液体表面上的某一点被引燃时，火焰以一定的速率在表面传播。火焰在单位时间内在液体表面所传播的距离，称为液面火焰的传播速率，以 m/s 或 cm/s 表示。

可燃液面火焰的传播速率与液体的燃烧性质有关。

易燃液体由于在常温下蒸气压就已很高，当有火星、灼热物体靠近时便能引燃，并且火焰沿液体表面迅速传播，其速率可达 0.5～2m/s。

可燃液体必须在火焰或灼热物体的长时间作用下，表面层吸收足够热量而强烈蒸发后才能自燃。加热表面和使之蒸发需要一定的时间，因而火焰沿可燃液体表面传播的速率较慢，一般可燃液体火焰液面传播速率不超过 0.4m/s。同时，点燃初期由于火焰的热传递能量低，可燃液体表面温度不高，蒸发速率慢，所以可燃液体表面的燃烧速率较慢，生成的火焰不高。随着燃烧强度的不断增大，表层温度上升，蒸发速率加快，燃烧速率和火焰高度逐步提高。

部分可燃液体液面上火焰的最大传播速率见表 4-4。

表 4-4　部分可燃液体液面上火焰的最大传播速率

名称	相对密度	最大传播速率/（cm/s）	最大传播速率时的火焰温度/K
丙酮	0.792	50.18	2121
丙烯酮	0.841	61.75	—
丙烯腈	0.797	46.75	2461
苯	0.885	44.60	2365
丁酮	0805	39.45	—
甲基乙基甲酮	0.601	47.60	2319
二硫化碳	1.263	54.46	—
环己烷	0.783	42.46	2250
环戊烷	0.751	41.17	2264
正癸烷	0.734	40.31	2286
二乙醚	0.715	43.74	2253
环氧乙烷	0.965	100.35	2411
正戊烷	0.688	42.46	2214
异丙烯	0.901	35.59	—
甲醇	0.664	42.46	2239

二、可燃液体燃烧速率的主要影响因素

（一）燃烧区传给液体的热量不同，燃烧速率不同

可燃液体要维持稳定的燃烧，液面就要不断从燃烧区吸收热量，进行液体蒸发，并保持一定的蒸发速率。火焰的热主要以辐射的形式向液面传递。如果其他条件不变，液面从火焰接受的热量越多，则蒸发速率就越快，燃烧速率也加快。由火焰辐射给液面的热量可由式（4-7）确定，即

$$Q = G\left[\Delta H_v + \overline{C}_P(t_2 - t_1)\right] \tag{4-7}$$

式中　Q——液体表面接收的热量[kJ/（m²·h）]；

　　　G——液体燃烧的质量速率[kg/（m²·h）]；

　　　ΔH_v——液体的蒸发热（kJ/kg）；

　　　$\overline{C}_\mathrm{P}$——液体的平均热容[kJ/（kg·℃）]；

　　　t_2——燃烧时液体表面温度（℃）；

　　　t_1——液体初温（℃）。

（二）可燃液体初温越高，燃烧速率越快

可燃液体初温越高，液体蒸发速率越快，燃烧速率就越快。表 4-5 列出的是苯和甲苯在直径为 6.2cm 容器中不同温度下的燃烧速率。

表 4-5　苯和甲苯在不同温度下时的燃烧速率

苯的温度/℃	16	40	57	60	70
燃烧速率 v/（mm/min）	3.15	3.47	3.69	3.87	4.09
甲苯的温度/℃	17	52	58	98	—
燃烧速率 v/（mm/min）	2.68	3.32	3.68	4.01	—

（三）可燃液体燃烧速率随贮罐直径不同而不同

图 4-3 表示煤油、汽油、轻油燃烧速率随罐径变化的曲线。从曲线可以看出，当罐径小于 10cm 时，燃烧速率随罐径增大而下降；罐径在 10～80cm 时，燃烧速率随罐径增大而增大；罐径大于 80cm 时，燃烧速率基本稳定下来，不再改变。这是因为随着罐径的改变，火焰向燃料表面传热的机理也相应地发生了重要改变。在罐径比较小时，燃烧速率由导热传热决定；在罐径比较大时，燃烧速率由辐射传热决定。根据这种情况对于大罐径的贮油罐的火灾，制订灭火计划时，就可以计算扑灭火灾所需的力量和灭火剂数量。

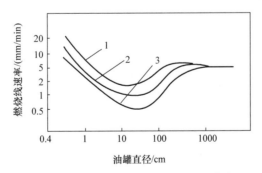

图 4-3　液体燃烧速率随罐径的变化曲线

1—汽油　2—煤油　3—轻油

（四）可燃液体燃烧速率随贮罐中液面高度降低而减慢

随着液面降低，液面和燃烧区的距离增大，传到液体表面的热量减少，燃烧速率降低，几种可燃液体在液面高度不同时的燃烧速率见表 4-6。

表 4-6　几种液体在液面高度不同时的燃烧速率

名称	参数	$d=5.2mm$				$d=10.9mm$				$d=22.6mm$			
	h/mm	0	2.5	6.5	8.5	0	2.5	6.5	8.5	0	2.5	6.5	8.5
乙醇	v/（mm/min）	—	7.1	3.1	1.0	3.6	2.5	1.0	0.4	2.0	1.4	0.6	0.45
煤油	v/（mm/min）	9.0	6.2	—	—	3.3	2.4	0.4	—	1.9	1.2	0.55	0.3
汽油	v/（mm/min）	—	15	5.7	2.4	6.4	5.4	1.9	0.9	2.9	2.3	1.2	0.8

（五）水对燃烧速率的影响

石油产品大多含有一定的水分，燃烧时水的蒸发要吸收部分热量，蒸发的水蒸气充满燃烧区，使可燃蒸气与氧气浓度降低，使燃烧速率下降。

（六）风的影响

风有利于可燃蒸气与氧的充分混合，有利于燃烧产物及时输送走。因此，风能加快燃烧速率，但风速过大又有可能使燃烧熄灭。风速对汽油、柴油、重油的燃烧速率的影响如图 4-4 所示。

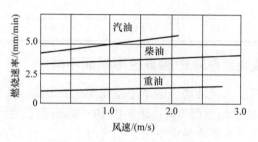

图 4-4　风速对燃烧速率的影响

【思考题】

1. 在一定条件下，1h 烧掉某密度为 0.75g/mL 的汽油 15cm，试求该汽油的燃烧线速率和质量燃烧速率。

2. 影响液体燃烧速率的因素有哪些？

第四节　可燃液体的闪燃

【学习目标】

1. 了解闪点的测定方法。

2. 熟悉闪点的变化规律和闪点在消防工作中的应用。

3. 掌握闪燃、闪点的概念及闪点的计算。

一、闪燃与闪点

闪燃是可燃液体的重要特征之一。闪燃是指可燃性液体挥发的蒸气与空气混合达到一定浓度或者可燃性固体加热到一定温度后，遇明火发生一闪即灭的燃烧。各种可燃液体表面都有一定数量的蒸气，蒸气浓度取决于该液体温度，液体温度越高，其蒸气浓度越大。当可燃液体升温至一定的温度，蒸气达到一定浓度时，如有火焰或炽热物体靠近液体表面，就会发生一闪即灭的燃烧。另外，某些能够在室温下挥发或缓慢蒸发（升华）的固体，也会发生闪燃现象，如萘和樟脑等。在规定的试验条件下，可燃性液体或固体表面产生的蒸气在试验火焰作用下发生闪燃的最低温度称为闪点。部分可燃液体的闪点见表4-7。

表4-7　1个大气压下部分可燃液体的闪点

液体名称	闪点/℃	液体名称	闪点/℃
汽油	−58～−30	乙醚	−45
煤油	28～45	丙酮	−18
乙醇	10	乙酸	39
苯	−11	松节油	35
甲苯	6～30	乙二醇	111
二甲苯	25	二苯醚	163
二硫化碳	−30	菜籽油	163

在闪点时，可燃液体生成的蒸气还不多，仅能维持一刹那的燃烧；可燃液体蒸发速率还不快，来不及补充新的蒸气以维持稳定的燃烧，所以闪燃一下就熄灭了。闪燃往往是着火的先兆，当可燃液体加热到闪点以上时，一经火焰或火星的作用，就不可避免地引起着火。

当液体上方空间的饱和蒸气压与空气的混合气体中可燃液体蒸气浓度达到爆炸浓度极限时，混合气体遇火源就会发生爆炸。根据蒸气压的理论，对特定的可燃液体，饱和蒸气压（或相应的蒸气浓度）与温度成对应关系。蒸气爆炸浓度上、下限所对应的液体温度称为可燃液体的爆炸温度上、下限。

爆炸温度下限，即液体在该温度下蒸发出等于爆炸浓度下限的蒸气浓度，也就是说，液体的爆炸温度下限就是液体的闪点；爆炸温度上限，即液体在该温度下蒸发出等于爆炸浓度上限的蒸气浓度。爆炸温度上、下限值之间的范围越大，爆炸危险性就越大。显然，利用爆炸温度极限来判断可燃液体的蒸气爆炸危险性比爆炸浓度极限更方便。部分可燃液体的爆炸浓度极限与对应的爆炸温度极限见表4-8。

表4-8　部分可燃液体的爆炸浓度极限与对应的爆炸温度极限

爆炸浓度极限（%）		液体名称	爆炸温度极限/℃	
下限	上限		下限	上限
3.3	19.0	乙醇	11	40
1.1	7.1	甲苯	5.5	31
1.7	7.2	车用汽油	−38	−8
1.4	7.5	灯用煤油	40	86
1.7	49.0	乙醚	−45	13
1.2	8.0	苯	−14	19

二、同系物的闪点变化规律

从消防观点来说，闪燃是可燃液体和某些低熔点固体可燃物发生火灾的危险信号，闪点是评价可燃液体火灾危险性的主要参数。可燃液体的闪点越低，火灾危险性越大。

一般而言，可燃液体多数是有机化合物。有机化合物根据其分子结构不同，分成若干同系物，同系物虽然结构相似，但分子量却不相同。分子量大的分子结构变形大，分子间力大，蒸发困难，蒸气浓度低，闪点高；否则闪点低。因此，同系物的闪点具有以下规律（表 4-9）：

（1）同系物液体的闪点，随其分子量的增加而升高。

（2）同系物液体的闪点，随其沸点的增加而升高。

（3）同系物液体的闪点，随其密度的增加而升高。

（4）同系物液体的闪点，随其蒸气压的降低而升高。

表 4-9　部分醇和芳烃的物理性能

液体名称		化学式	式量	密度（20℃）/（g/cm³）	沸点/℃	20℃的蒸气压力/kPa	闪点（闭杯）/℃
醇类	甲醇	CH_3OH	32	0.792	64.56	11.79	12
	乙醇	C_2H_5OH	46	0.789	78.4	5.85	13
	丙醇	C_3H_7OH	60	0.804	97.2	1.93	15
	丁醇	C_4H_9OH	74	0.810	117.8	0.63	29
芳烃类	苯	C_6H_6	78	0.878	80.36	9.95	−11
	甲苯	$C_6H_5OH_3$	92	0.866	110.8	2.97	4
	二甲苯	$C_6H_4（CH_3）_2$	106	0.879	146.0	2.17	25

（5）同系物中正构体比异构体闪点高，正构体与异构体的闪点比较见表 4-10。

表 4-10　正构体与异构体的闪点比较

物质名称	沸点/℃	闪点/℃	物质名称	沸点/℃	闪点/℃
正戊烷	36	−48	正己酮	127.5	35
异戊烷	28	−52	异己酮	119	17
正辛烷	125.6	12	正丙醚	91	−11.5
异辛烷	99	−12.5	异丙醚	69	−13
正丁醛	75.5	−22	正丙胺	46	−7
异丁醛	64	−40	异丙胺	32.4	−18

同系物的闪点的变化规律，是由于分子间范德华力作用的不同造成的。式量的增大表明分子中原子数增加了，而原子数增多，分子间范德华力也就增大，造成液体的沸点增高，蒸气压降低，密度增大，闪点升高。相同碳原子数的异构体中，支链数增多，造成空间阻碍增大，使分子间距离变远，从而使分子间的范德华力减弱，沸点降低，闪点下降。

汽油的闪点随着馏分温度的提高而升高更为明显，见表 4-11。

表 4-11　汽油的闪点与馏分的关系

馏分/℃	闪点/℃
50～60	−58
60～70	−45
70～80	−36
80～110	−24
110～120	−11
120～130	−4
130～140	3.5
140～150	10

三、混合液体的闪点变化规律

（一）两种完全互溶可燃性液体的混合液体闪点

两种完全互溶可燃性液体的混合液体的闪点一般低于各组分闪点的平均值，并且接近于混合物中含量较大的组分的闪点。例如，甲醇和乙酸戊酯的混合物，纯甲醇的闪点为12℃，纯乙酸戊酯的闪点为28℃，当60%的甲醇与40%的乙酸戊酯混合时，其闪点并不等于12×60%+28×40%=18.4℃，而为10℃，如图4-5所示。甲醇和丁醇1:1的混合液的闪点不是（12+29）/2=20.5℃，而是13℃，要比平均值低，如图4-6所示。又如，车用汽油的闪点为−38℃，灯用煤油的闪点为40℃，如果将这两种液体按1:1比例混合时，其闪点低于（−38+40）/2=1℃。实验表明，在煤油中加入1%的汽油，可使煤油的闪点降低10℃以上。可见，如果往可燃液体中添加闪点更低的可燃液体，即使加入的量不多，也能大大降低可燃液体的闪点，增大其火灾危险性。

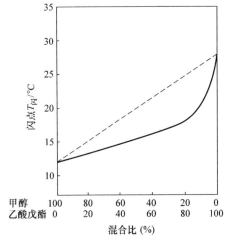

图 4-5　甲醇与乙酸戊酯混合液的闪点

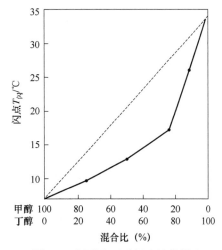

图 4-6　甲醇和丁醇混合液的闪点

（二）可燃液体与不可燃液体的混合液体的闪点

在可燃液体中掺入互溶的不燃液体，其闪点随着不燃液体含量的增加而升高。当不燃组分含量达到一定值时，混合液体不再发生闪燃。这类混合物常见的如甲醇与水、乙醇与水、丙酮与水以及甲醇与四氯化碳等。醇与水混合液体的闪点变化见表4-12。

表 4-12　醇与水混合液体的闪点变化

混合液体中醇的含量（%）	闪点/℃	
	甲醇	乙醇
100	12	13
75	18	22
55	22	23
40	30	25
10	60	50
5	无	60
3	无	无

从表 4-12 中可以看出，能与水互溶的醇，随含水量的增加闪点随之提高。对于乙醇的水溶液，当水分占 60%时，其闪点将由纯乙醇时的闪点 13℃升至 25℃；当水占 97%时，混合液体就不再发生闪燃。

所以，对于能溶于水的可燃液体引发的火灾，用水稀释虽能提高闪点，但只有当溶液极稀时，才能使其不再发生闪燃。若可燃液体体积较大时，单纯用水稀释法来灭火并不适合，因为在这种情况下，不但可燃液体在火灭后不能再使用，而且稀释需要耗费大量的水，容易使可燃液体溢出容器，造成火势蔓延扩大。

四、闪点的测定和计算

（一）闪点的测定

根据测定方法的不同，可燃液体闪点分为闭杯试验闪点和开杯试验闪点两种。用规定的闭口杯法测得的结果称为闭杯试验闪点，测试过程是将可燃液体样品放在有盖的容器中加热测定（图 4-7），常用于测定煤油、柴油等轻质油品或闪点低的液体；用规定的开口杯法测得的结果称为开杯试验闪点，测试过程是将可燃液体样品放在敞口容器中，加热后蒸气可以自由扩散到周围空气中进行测定（图 4-8），常用于测定润滑油等重质油品或闪点高的液体。测定的方法不同，其闪点值也不同，一般开杯试验闪点要比闭杯试验闪点高 15～25℃，闪点越高，两者差别越大。

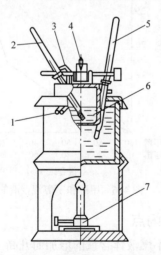

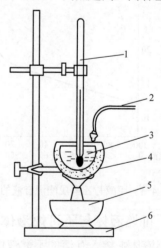

图 4-7　闭杯试验闪点测定仪
1—溢流口补溶液　2—试样用温度计　3—试验火苗标准球
4—试验火苗　5—水溶液用温度计　6—试验容器　7—气体加热器

图 4-8　开杯试验闪点测定仪
1—温度计　2—点火器　3—瓷坩埚
4—砂浴　5—酒精灯　6—支架

（二）闪点的计算

可燃液体的闪点，也可以通过计算方法求得，但计算值不如仪器测定值准确，因为在计算时只考虑到混合物的组成和燃烧时所需氧气的理论量，不考虑其他因素的影响。由于闪点是可燃液体重要的燃烧性能参数，因而用计算方法求出的闪点近似值，在消防工作中仍不失其参考价值。

1．通过液体的饱和蒸气压计算液体的闪点

通过液体的饱和蒸气压计算液体的闪点，其计算原理是根据可燃液体温度与其饱和蒸气压的对应关系，也就是说，可燃液体的饱和蒸气压是其温度的函数，计算可燃液体闪燃时的饱和蒸气压，由此得出该液体的闪点。常见可燃液体的饱和蒸气压力见表 4-13。

表 4-13　常见可燃液体的饱和蒸气压力　　（单位：mmHg）

液体名称	温度/℃								
	−20	−10	0	10	20	30	40	50	60
丙酮	—	38.7	63.33	110.32	184.0	280.0	419.3	608.81	866.4
苯	7.43	14.63	26.6	44.75	74.8	118.4	181.5	268.7	392.5
乙酸丁酯	—	3.6	7.0	13.9	25.0	43.7	70.9	—	—
航空汽油	—	—	88.0	114.0	154.0	210.0	283.0	377.0	—
车用汽油	—	—	40.0	50.0	70.0	98.0	136.0	180.0	—
甲醇	6.27	13.47	26.82	50.18	88.67	150.2	243.5	318.7	625.0
二硫化碳	48.48	81.0	131.98	203.0	301.8	437.0	617.0	856.7	170.1
松节油	—	—	2.07	2.94	4.45	6.87	10.8	16.98	
甲苯	1.74	3.42	6.67	12.7	22.3	37.2	59.3	93.0	139.5
乙醇	2.5	5.6	12.2	23.8	44.0	78.1	133.4	219.8	351.5
乙醚	67.0	112.3	184.39	286.8	432.7	634.8	907.01	1264.8	1623.2
乙酸乙酯	6.5	12.0	24.2	43.8	72.8	118.7	183.7	282.3	415.3
乙酸甲酯	19.0	35.15	62.1	104.8	169.8	265.0	—	—	—
丙醇	—	—	3.27	7.14	14.5	27.8	50.8	88.5	147.0
丁醇	—	—	—	2.03	4.71	9.2	17.9	33.1	59.2
戊醇	—	—	0.6	1.33	2.77	5.54	10.57	19.36	34.1
乙酸丙酯	—	—	7.0	16.3	25.6	48.25	70.9	121.4	171.9

注：760mmHg=101.325kPa　1mmHg=0.133kPa。

利用道尔顿公式求算，即

$$P_{饱}=\frac{P_{总}}{1+4.76(2A-1)} \tag{4-8}$$

式中　$P_{饱}$——闪点温度下可燃液体的饱和蒸气压（mmHg）；

　　　$P_{总}$——可燃液体蒸气与空气混合物的总压强，通常等于大气压（760mmHg）；

　　　A——燃烧 1mol 液体所需氧气的摩尔数。

计算出 $P_{饱}$ 后，再利用内插值法计算 $T_{闪}$，计算公式如下：

$$T_{闪} = T_1 + \frac{P_{饱} - P_1}{P_2 - P_1} \times (T_2 - T_1) \qquad (4\text{-}9)$$

式中　$T_{闪}$——可燃液体的闪点（℃）；

　　　T_1——前插值点可燃液体对应的闪点（℃）；

　　　T_2——后插值点可燃液体对应的闪点（℃）；

　　　P_1——前插值点可燃液体对应的饱和蒸气压（mmHg）；

　　　P_2——后插值点可燃液体对应的饱和蒸气压（mmHg）。

【例题 4-1】 试计算苯在 760mmHg 大气压下的闪点。

解：（1）根据苯的燃烧反应式方程式算出 1mol 苯燃烧所需氧气的摩尔数 A：

$$C_6H_6 + 7.5O_2 \Longrightarrow 6CO_2 + H_2O \quad 则\ A = 7.5$$

（2）将 A 值代入式（4-8）中，求算出苯在闪燃时的饱和蒸气压：

$$P_{饱} = \frac{P_{总}}{1 + 4.76(2A - 1)} = \frac{760}{1 + 4.76(15 - 1)} \approx 11.24\ (mmHg)$$

（3）从表（4-13）查知，苯的饱和蒸气压为 11.24 mmHg 时，其温度范围为 $-20 \sim -10$℃。再用内插值法求算出苯的闪点为

$$T_{闪} = -20 + \frac{11.24 - 7.43}{14.63 - 7.43} \times 10 \approx -14.7\ (℃)$$

答：在一个大气压下苯的闪点为 -14.7℃。

2. 利用可燃液体蒸气爆炸浓度下限计算闪点

由于在闪点时可燃液体的饱和蒸气浓度就是该可燃液体蒸气的爆炸浓度下限（$V\%$）。可燃液体的饱和蒸气浓度与饱和蒸气压的关系为

$$V\% = \frac{P_{饱}}{P_{总}} \times 100\%$$

则有

$$P_{饱} = P_{总} \cdot V\% \qquad (4\text{-}10)$$

根据式（4-8）求出 $P_{饱}$ 后，利用前面所述的内插值法，就可以求算出可燃液体的闪点。

五、闪点在消防工作中的应用

（一）闪点是评定液体火灾危险性的重要参数

闪点越低的液体，其火灾危险性就越大，有的液体在常温下甚至在冬季，只要遇到明火就可能发生闪燃。例如，苯的闪点为 -11℃，乙醇的闪点为 12℃，苯的火灾危险性就比乙醇大；又如乙酸的闪点是 40℃，它在室温下与明火接近是不能立即燃烧的，因为此时蒸发出来的乙酸蒸气量很少，不能闪燃，更不能燃烧，只有把乙酸加热到 40℃时才能闪燃，继续加热到燃点温度时，才会燃烧，几种易燃液体的闪点见表 4-14。

表 4-14　几种易燃液体的闪点

液体名称	闪点（闭杯）/℃	液体名称	闪点（闭杯）/℃
乙酸	39	甲苯	4.0
标准汽油	<−20	二甲苯	25
松节油	35	甲醇	12.2
照明煤油	≥40	乙醇	13
菜籽油	163	乙二醇	111
二硫化碳	−30	丙酮	−18
苯	−11	丁酮	−1

（二）根据闪点，划分可燃液体及其火灾危险性类别（表 4-15）

表 4-15　按闪点划分液体及其火灾危险性类别（中国）

类别		闪点/℃	举例
甲类液体	易燃液体	<28	汽油、苯、乙醇、乙醚
乙类液体		28≤闪点<60	煤油、松节油、丁醇
丙类液体	可燃液体	≥60	柴油、重油、菜籽油

按照《危险货物分类和品名编号》（GB 6944—2012），易燃液体包括易燃液体和液体退敏爆炸品，易燃液体是指易燃的液体或液体混合物，或是在溶液或悬浮液中有固体的液体，其闭杯试验闪点不高于 60℃，或开杯试验闪点不高于 65.6℃。按照《建筑设计防火规范》（GB 50016—2014）的规定，根据闪点的高低和在生产、储存中的火灾危险性大小，易燃液体可分为 3 类：甲类，即闪点<28℃的液体；乙类，即 28℃≤闪点<60℃的液体；丙类，即闪点≥60℃的液体。

（三）根据闪点确定灭火剂供给强度

灭火剂供给强度是指每单位面积上，在单位时间内供给灭火剂的数量，如泡沫液可表示为 $L/(s \cdot m^2)$。一般而言，闪点越低的液体，其灭火剂供给强度就越大。石油化工企业固定顶储罐的空气泡沫液供给强度见表 4-16。

表 4-16　固定顶储罐的空气泡沫供给强度

液体闪点/℃	空气泡沫供给强度/[L/（s·m²）]		灭火时间/min
	固定、半固定式泡沫灭火系统	移动式泡沫灭火设备	
<60	0.8	1.0	30
≥60	0.6	0.8	30

【思考题】

1．如何理解闪燃、闪点？

2．试计算乙醇在 760mmHg 大气压下的闪点。

3．已知大气压为 $1.01325×10^5$Pa，求甲苯的闪点。

第五节　可燃液体的自燃

【学习目标】

1．了解可燃液体的自燃过程。
2．掌握可燃液体自燃点变化规律。

自燃是指在没有外部火源的作用时，因受热或自身发热并蓄热所产生的燃烧。如果可燃液体（或其局部）的温度达到燃点，但没有接触外部火源，就不会着火。若继续对它进行加热，使其温度上升到一定程度后，即使不接触明火，它也能自发着火燃烧。在规定的条件下，可燃物质产生自燃的最低温度是该物质的自燃点。一些典型可燃液体的自燃点见表4-17。

表4-17　一些典型可燃液体的自燃点

物质名称	自燃点/℃	物质名称	自燃点/℃	物质名称	自燃点/℃
苯甲醛	190	煤油	220	乙醇	425
二硫化碳	102	汽油	260	丙酮	540
乙醚	180	苯	555	甲苯	535
环己烷	260	棉籽油	370	甲酸丁酯	320

一、同类液体自燃点的变化规律

（1）同系物的自燃点随式量的增加而降低。这是因为同系物内化学键键能随式量增大而变小，因而反应速率加快，自燃点降低。表4-18表示了烷烃和醇类自燃点随式量的变化。

表4-18　烷烃和醇类自燃点随式量的变化

烷烃	式量	自燃点/℃	醇类	式量	自燃点/℃
甲烷	16	537	甲醇	32	470
乙烷	30	472	乙醇	46	414
丙烷	44	446	丙醇	60	404
丁烷	58	430	丁醇	74	345

（2）有机物中的同分异构体物质，其正构体的自燃点低于其异构体的自燃点（表4-19）。

表4-19　同系物中正构体与异构体自燃点的比较

正构体	自燃点/℃	异构体	自燃点/℃
正丁烷	430	异丁烷	462
正丁烯	384	异丁烯	465
正丁醇	345	异丁醇	413
正丙醇	404	异丙醇	431
正戊醛	206	异戊醛	228
甲酸丙酯	400	甲酸异丙酯	460

（3）饱和烃的自燃点比相应的不饱和烃自燃点高（表4-20）。

表4-20 饱和烃与不饱和烃自燃点的比较

饱和烃	自燃点/℃	不饱和烃	自燃点/℃
乙烷	472	乙烯	425
丙烷	446	丙烯	410
丁烷	430	丁烯	384
戊烷	309	戊烯	275
丙醇	404	丙烯醇	363

（4）烃的含氧衍生物（如醇、醛、醚等）的自燃点低于分子中含相同碳原子数的烷烃的自燃点，而且醇类自燃点高于醛类自燃点（表4-21）。这是因为含氧衍生物析出的氧使化学反应速率加快，从而降低自燃点。

表4-21 烷烃与烃的含氧衍生物自燃点的比较

烷烃	自燃点/℃	烃的含氧衍生物			
		醇类	自燃点/℃	醛类	自燃点/℃
甲烷	537	甲醇	470	甲醛	430
乙烷	472	乙醇	414	乙醛	275
丙烷	446	丙醇	404	丙醛	221
丁烷	430	丁醇	345	丁醛	230
戊烷	309	戊醇	306	戊醛	205

（5）环烷类的自燃点一般高于相应烷类的自燃点（表4-22）。

表4-22 烷类与环烷类自燃点的比较

名称	自燃点/℃	名称	自燃点/℃
丙烷	470	环丙烷	495
丁烷	345	环丁烷	未测定
戊烷	285	环戊烷	230~240
己烷	265	环己烷	259

（6）液体的密度越大、闪点越高，则自燃点越低。部分可燃液体的自燃点见表4-23。

表4-23 部分可燃液体的自燃点

名称	自燃点/℃	名称	自燃点/℃
汽油	510~530	重柴油	300~330
煤油	380~425	蜡油	300~320
轻柴油	350~380	渣油	230~240

二、自燃点的影响因素

液体的自燃点不仅与其自身性质有关，而且还受下列因素影响。

1. 压力

压力越高，自燃点越低。由化学动力学知道，压力增加就会相对地使液面上方的蒸气浓度和氧气浓度增加，化学反应速率增加，从而使放热速率大于散热速率，自燃点降低（表4-24）。

表 4-24　压力作用下的自燃点的变化

物质名称	自燃点/℃					
	$1×10^5Pa$	$5×10^5Pa$	$10×10^5Pa$	$15×10^5Pa$	$20×10^5Pa$	$25×10^5Pa$
汽油	480	350	310	290	280	250
苯	680	620	590	520	500	490
煤油	460	330	250	220	210	200

需要指出的是，在动态平衡时，增加压力，蒸气变为液体，因此蒸气压变化很小，而主要是氧浓度增大。

2. 蒸气浓度

在热损失相同的情况下，混合物中可燃物浓度小的，自燃点高；若继续增加可燃物达到化学计量浓度（即理论上完全燃烧时该物质在空气中的浓度）时，则自燃点最低；再继续加大可燃物的浓度，自燃点又开始升高。例如，硫化氢在着火下限浓度时的自燃点是373℃，在化学计量浓度时是246℃，在着火上限浓度时是304℃。所以可燃物的自燃点，通常取用该物质在化学计量浓度时的自燃点，因为它是最低的数值。又如，甲烷在不同浓度时自燃点的变化见表4-25。

表 4-25　甲烷在不同浓度时的自燃点

甲烷的浓度（%）	2.0	3.0	3.95	5.85	7.0	8.0	8.8	10.0
自燃点/℃	710	700	696	695	697	701	707	714

3. 氧含量

空气中氧含量的提高有利于化学反应发生，因此会使可燃液体的自燃点降低；反之，氧含量下降会使自燃点升高。某些常见可燃液体在空气和氧气中的自燃点比较见表4-26。

表 4-26　某些常见可燃液体在空气和氧气中的自燃点比较

可燃物	自燃点/℃		可燃物	自燃点/℃	
	空气中	氧气中		空气中	氧气中
丙酮	561	485	甲醇	470	462
汽油	685	311	乙醚	193	182
二硫化碳	120	107			

4. 催化剂

活性催化剂能降低自燃点，如铁、钒、钴、镍等的氧化物能加速氧化反应而降低可燃液体的自燃点；钝性催化剂如油品抗震剂四乙基铅能提高可燃液体的自燃点。

5. 容器的材质和直径

容器材料的性质不同，其导热性能不一样，对同一种可燃液体自燃点的影响也不同。容器的材质对可燃液体自燃点的影响见表 4-27。

表 4-27　容器的材质对可燃液体自燃点的影响

液体名称	自燃点/℃			
	铁管中	石英管中	玻璃烧瓶中	钢杯中
苯	753	723	580	649
甲醇	740	565	475	474
乙醇	724	641	421	391
乙醚	533	549	188	198
丙酮	561	—	633	649

　　容器的直径对自燃点也有影响,直径越小,自燃点越高;直径小到一定数值时,气体混合物便不能自燃,阻火器就是根据这一原理而制作的。例如,二硫化碳在不同直径容器中的自燃点变化见表 4-28。

表 4-28　二硫化碳在不同直径容器中的自燃点

容器直径/cm	自燃点/℃
0.5	271
1.0	238
2.5	202

【思考题】

1．简述同类液体的自燃点变化规律。
2．简述自燃点的外界影响因素。

第五章 可燃固体的燃烧

固体是火场中最常见的可燃物，其燃烧过程与固体本身的理化特性有直接关系，不同固体物质的燃烧形式各有不同。本章将就火场中典型的固体物质木材、高聚物、聚氨酯保温材料和金属的燃烧展开学习讨论。

第一节 固体的特性

【学习目标】

熟悉固体的分类及特性。

固态是物质"三态"之一，所谓固体是指以固态形式存在的物质。如在常温下，铝、钢铁、岩石、木材、玻璃、棉、麻、化纤、塑料等都是固体。固体的分类比较复杂，以结构来分，固体可分为晶体和非晶体两大类；从熔点高低来分，通常把熔点≥300℃的固体称为高熔点固体（如焦炭，金属铁、铝等），把熔点<300℃的固体称为低熔点固体（如白磷、硫黄、钠、钾等）；另外，从组成来看，有的固体是纯净物，如硫黄、钠、铁等，有的固体则是混合物，如煤炭、木材、纸张、棉涤混纺织物等。研究表明，一方面从固体物质本身进行比较，不同类别的固体，其燃烧过程具有许多不同特征；另一方面，相对于气体、液体物质而言，固体物质具有一些重要的燃烧特性。

一、稳定的物理形态

固体物质的组成粒子（分子、原子、离子等）间通常结合得比较紧密，因此固体物质都具有一定的刚性和硬度，而且还有一定的几何形状。

二、受热软化、熔化或分解

固态条件下，固体物质的组成粒子间具有较强的相互作用力，粒子只能在一定的位置上产生振动，而不能移动，因此固体不会像气体或液体那样能自由扩散或流动；但是，大多数固体物质受热后体积会膨胀；同时，在加热作用下，固体组成粒子的动能会增加，使得粒子振动的幅度加大，固体的刚性和硬度因此而降低，表现出软化的现象。如钢铁在400℃时，开始软化，约700℃时，失去支撑力，这正是大跨度钢骨架结构的建筑物在火灾中易倒塌的原因。

固体物质软化后，如果继续受到强热作用，固体就会熔化变成液体。在规定条件下固体熔化的最低温度,称为该固体物质的熔点。如铁加热到其熔点1538℃以上就熔化成铁液。固体熔化是一个吸热过程,并规定单位质量的晶体物质在熔点时,从固态变成液态所吸收的热量,称为这种物质的熔解热,如铁的熔解热为 $7.84×10^5kJ/kg$。

对于组成复杂的固体物质,受热作用达到一定温度时,其组分还会发生从大分子裂解成小分子的变化。如木材、煤炭、化纤、塑料燃烧中产生的黑烟毒气,有一部分就是热分解的产物。应当注意的是,热分解是一种化学变化,这个过程也是一个吸热过程。

大多数固体可燃物在燃烧过程中都伴随有熔化或分解的变化,这些变化要吸收部分热量,因此,物质的熔解热或分解热越大,它的燃烧速率就会越慢;反之则快。

三、受热升华

部分物质因为具有较大的蒸气压,在热作用下它们的固态物质不经液态直接变成气态,表现出升华现象,如樟脑、碘、萘等都容易升华。升华是一个吸热过程,易升华的可燃性固体产生的蒸气与空气混合后具有爆炸危险。

【思考题】

1. 固体的基本特性有哪些?

2. 列表归纳总结钠、铁、木材、煤炭、化纤、聚乙烯塑料、樟脑在燃烧过程中表现出的特性变化。

第二节　可燃固体的燃烧过程和燃烧形式

【学习目标】

1. 掌握不同类型固体的燃烧过程。

2. 熟悉固体四种燃烧形式的关系与相互转换。

3. 掌握固体的四种燃烧形式。

一、可燃固体的燃烧过程

相对于气体和液体物质的燃烧而言,固体的燃烧过程要复杂得多,而且不同类型固体的燃烧又有不同的过程。固体的燃烧可分为有焰燃烧(气相燃烧,并伴有发光现象)和无焰燃烧(物质处于固体状态而没有火焰的燃烧)。下面从简单到复杂的顺序分别进行介绍。

(一)高蒸气压固体的燃烧过程

在所有固体的燃烧过程中,高蒸气压固体(即饱和蒸气压>$1.01325×10^5Pa$)的燃烧是最简单的。首先可燃性固体受热升华直接变成蒸气,然后蒸气与空气混合就可形成扩散有焰燃烧或预混动力燃烧(爆炸),如萘、樟脑等。其燃烧过程是:

$$可燃固体 \xrightarrow{升华} 气体 \xrightarrow{扩散、混合} 有焰燃烧(或爆炸)\xrightarrow{连续氧化、燃烧} 产物$$

（二）高熔点纯净物固体的燃烧过程

高熔点纯净物可燃性固体的燃烧过程也比较简单，不需要经过物理相变或化学分解的过程，可燃物与空气在固体表面上直接接触并进行燃烧，如焦炭、木炭、铝、铁等的燃烧。其燃烧过程是：

$$可燃固体 \xrightarrow{空气扩散} 空气与固体表面接触 \xrightarrow{氧化} 表面燃烧 \xrightarrow{连续氧化、燃烧} 产物$$

（三）低熔点纯净物固体和低熔点混合物固体的燃烧过程

低熔点纯净物固体（如硫黄、白磷、钠、钾）和低熔点混合物固体（如石蜡、沥青）的燃烧过程同样也比较简单。首先可燃性固体经过熔化、汽化两个相变过程，然后蒸气与空气混合燃烧。其燃烧过程是：

$$可燃固体 \xrightarrow{熔化} 液体 \xrightarrow{蒸发} 气体 \xrightarrow{扩散、混合} 有焰燃烧 \xrightarrow{连续氧化、燃烧} 产物$$

（四）高熔点混合物固体的燃烧过程

在所有类型的固体中，高熔点混合物可燃性固体其组成和结构最为复杂，它们可能包含有上述类型特性的所有可燃物，比如煤炭中有碳、烷烃、烯烃、煤焦油等物质，松木中含有松香、纤维素、木质素等成分，因此这类固体物质的燃烧过程也最为复杂。在燃烧过程中，它们一方面具有受热发生相变或热分解的倾向，另一方面它们的燃烧过程也是分阶段、分层次进行燃烧的，其步骤如下：

（1）受热可燃性固体在其表面逸出可燃气体进行有焰燃烧。

（2）低熔点可燃性固体熔化、汽化进行有焰燃烧。

（3）高熔点的可燃物受热分解、碳化产生可燃气体进行有焰燃烧。

（4）不能再分解的高熔点固体（一般是碳质）进行表面燃烧。

显然，固体材料的可燃组分及其含量决定着这类固体的燃烧性能。一般而言，当固体中含有的易挥发、易分解的可燃成分越多，该固体的燃烧性能就越好；反之亦然。例如，油煤比褐煤易燃，松木较桦木燃速快。

二、可燃固体的燃烧形式

（一）蒸发燃烧

固体的蒸发燃烧是指可燃性固体受热升华或熔化后蒸发，产生的可燃气体与空气边混合边着火的有焰燃烧（也叫均相燃烧），如硫黄、白磷、钾、钠、镁、松香、樟脑、石蜡等物质的燃烧都属于蒸发燃烧。

固体的蒸发燃烧是一个熔化、汽化、扩散、燃烧的连续过程。蜡烛燃烧是典型的固体物质的蒸发燃烧形式。观察蜡烛燃烧会发现稳定的固体蒸发燃烧存在三个明显的物态区域，即固相区、液相区、气相区。在燃烧前受热固体只发生升华或熔化、蒸发物理变化，而化学成分并未发生改变，进入气相区后，可燃蒸气扩散到空气中即开始边混合边燃烧并形成火焰，此时的燃烧特征与气体的燃烧完全一样，只是火焰的大小取决于固体熔化以及液体汽化的速率，而熔化和汽化的速率则取决于固体及液体从火焰区吸收的热量多少。事实上，燃烧过程中固相区的固体和液相区的液体总是可以从火焰区不断吸收热量，使得固体熔化及液体汽化的速率加快，从而就能形成较大的火焰，直至燃尽为止。

（二）表面燃烧

表面燃烧是指固体在其表面上直接吸附氧气而发生的燃烧（也叫非均相燃烧或无焰燃烧）。在发生表面燃烧的过程中，固体物质受热时既不熔化或汽化，也不发生分解，只是在其表面直接吸附氧气进行燃烧反应，所以表面燃烧不能生成火焰，而且燃烧速率也相对较慢。

在生产生活中，结构稳定、熔点较高的可燃性固体，如焦炭、木炭、铁等物质的燃烧就属于典型的表面燃烧实例。燃烧过程中它们不会熔融、升华或分解产生气体，固体表面呈高温炽热发光而无火焰的状态，空气中的氧不断扩散到固体高温表面被吸附，进而发生气固非均相反应，反应的产物带着热量从固体表面逸出。

（三）分解燃烧

固体受热分解产生可燃气体而后发生的有焰燃烧，称为分解燃烧。能发生分解燃烧的固体可燃物，一般都具有复杂的组分或较大的分子结构。

煤、木材、纸张、棉、麻、农副产品等物质，它们都是成分复杂的高熔点固体有机物，受热不发生整体相变，而是分解析出可燃气体扩散到空气中发生有焰燃烧。当固体完全分解不再析出可燃气体后，留下的碳质固体残渣即开始进行无焰的表面燃烧。

塑料、橡胶、化纤等高聚物，它们是由许多重复的物质结构单元（链节）组成的大分子。绝大多数高分子材料都是易燃材料，而且受热条件下会软化熔融，产生熔滴，发生分子断裂，从大分子裂解成小分子，进而不断析出可燃烧气体（如 CO、H_2、CH_4、C_2H_6 等）扩散到空气中发生有焰燃烧，直至燃尽为止。

（四）阴燃

阴燃是指在氧气不足、温度较低或湿度较大的条件下，固体物质发生的只冒烟而无火焰的燃烧。固体物质阴燃是在燃烧条件不充分的条件下发生的缓慢燃烧，属于固体物质特有的燃烧形式，液体或气体物质不会发生阴燃。

研究表明，固体物质的阴燃包括干馏分解、碳（焦）化、氧化等过程。阴燃除了要具备特定的燃烧条件外，同时阴燃的分解产物必须是一些刚性结构的多孔碳化物质，只有这样才能保证阴燃由外向内不断延燃；若材料阴燃的分解产物是流动的焦油状产物，就不能发生阴燃。现实中，成捆堆放的棉、麻、纸张及大量堆垛的煤、稻草、烟叶、布匹等都会发生阴燃。

在一定条件下，阴燃与有焰燃烧之间会发生相互转化。如在缺氧或湿度较大条件下发生的火灾，由于燃烧消耗氧气及水蒸气的蒸发耗能，使燃烧体系氧气浓度和温度均降低，燃烧速率减慢，固体分解出的气体量减少，火焰逐渐熄灭，此时有焰燃烧可能转为阴燃；阴燃中干馏分解产生的碳粒及含碳游离基、未燃气体降温形成的小液滴等不完全燃烧产物会形成烟雾，如果改变通风条件，增加供氧量，或可燃物中水分蒸发到一定的程度，也可能由阴燃转变成为有焰燃烧或爆燃；当阴燃完全穿透固体材料时，由于气体对流增强，会使空气流入量相对增大，阴燃则可转变为有焰燃烧。火场上的复燃现象以及固体阴燃引起的火灾等都是阴燃在一定条件下转化为有焰燃烧的例子。

总之，在固体的四种燃烧形式中，蒸发燃烧和分解燃烧都是有焰的均相燃烧，只是可燃气体的来源不同：蒸发燃烧的可燃气体是相变的产物，分解燃烧的可燃气体则来自固体的热分解；固体的表面燃烧和阴燃，都是发生在固体表面与空气的界面上，呈无焰的非均相燃烧，二者的区别在于：阴燃中固体有分解反应，而表面燃烧则没有。火场上，木材及木制品、纸张、棉、麻、化纤织物是常见的可燃性固体，四种燃烧形式往往同时伴随在火灾过程中：阴燃一般发生在火灾的初起阶段；蒸发燃烧和分解燃烧多发生于火灾的发展阶段和猛烈阶段；表面燃烧一般则发生在火灾的熄灭阶段。可见，有焰燃烧对火灾发展起着重要作用，这个阶段温度高、燃烧快，能促使火势猛烈发展。

【思考题】

1. 不同类型的固体，其燃烧过程有何不同？
2. 固体物质主要有哪几种燃烧形式，其发生条件是什么？
3. 分解燃烧与阴燃有何联系？

第三节 可燃固体的燃烧速率

【学习目标】

1. 熟悉固体燃烧速率的概念。
2. 掌握固体燃烧速率的主要影响因素，能对固体燃烧速率、氧指数进行计算。

一、固体燃烧速率的表示方法

固体燃烧速率是指在一定条件下固体物质燃烧的快慢。它受多种因素影响，常用直线燃烧速率和质量燃烧速率来表示，可用实验方法进行测定，也可用公式进行计算。

（一）质量燃烧速率

固体的质量燃烧速率是指一定条件下可燃性固体在单位时间和单位面积上烧掉的质量，用 G 表示，单位是 $kg/(m^2 \cdot h)$，其计算公式为

$$G = \frac{m_0 - m}{S\,t} \tag{5-1}$$

式中 m_0——燃烧前的固体质量（kg）；

m——燃烧后的固体质量（kg）；

t——燃烧时间（h）；

S——固体的燃烧面积（m^2）。

对于高聚物合成材料的质量燃烧速率，则可用式（5-2）估算，即

$$G = \frac{0.7Q}{\Delta H} \qquad (5\text{-}2)$$

式中　G——高聚物的质量燃烧速率[g/（m$^2\cdot$s）]；

　　　Q——火焰等供给固体的热量[kJ/（m$^2\cdot$s）]；

　　　ΔH——高聚物降解汽化热（kJ/g）。

表 5-1 列举了一些可燃性固体的质量燃烧速率。这些数值是在一定条件下的"称量实验室"中测定的。测定试样分别为木材是厚 2cm 的木板和板条；天然橡胶是 10～30kg 的块状；布质电木是厚 2～15mm、长 1cm 的板条；酚醛塑料是一些废品（仪器壳、收音机壳、电器附件等）；纸是报纸；棉花是生产中产生的废花。

表 5-1　一些可燃性固体物质的质量燃烧速率

物质名称	燃烧的平均速率/[kg/（m$^2\cdot$h）]	物质名称	燃烧的平均速率/[kg/（m$^2\cdot$h）]
木材（含水 14%）	50	棉花（含水 6%～8%）	8.5
天然橡胶	30	聚苯乙烯树脂	30
人造橡胶	24	纸张	24
布质电木	32	有机玻璃	41.5
酚醛塑料	10	人造短纤维（含水 6%）	21.6

（二）直线燃烧速率

固体的直线燃烧速率是指一定条件下可燃性固体在单位时间内烧掉的厚度，用 v 表示，单位是 mm/min，可用以下近似公式计算。

1．木材直线燃烧速率

$$v = A\left(\frac{T}{100} - 2.5\right)\sqrt{t} \qquad (5\text{-}3)$$

式中　v——直线燃烧平均速率（mm/min）；

　　　T——木材表面的加热温度（℃）；

　　　t——燃烧时间（min）；

　　　A——燃烧参数，杉木为 1.0；松木为 0.78。

2．一般固体物质的直线燃烧速率

$$v = \frac{L}{t} \qquad (5\text{-}4)$$

式中　v——直线燃烧平均速率（mm/min）；

　　　L——试样的燃烧厚度或长度（mm）；

　　　t——试样被点燃后的燃烧时间（min）。

表 5-2 为部分纤维试样的直线燃烧速率。

表 5-2　部分纤维试样的直线燃烧速率

物质名称	燃烧的平均速率/（cm/s）	物质名称	燃烧的平均速率/（cm/s）
棉	0.93	丝绸	1.09
麻	1.49	醋酸纤维	0.93
人造纤维（熔融）	1.56	聚乙烯醇纤维	0.22
羊毛	0.65	聚丙烯腈纤维	0.73

二、固体燃烧速率的主要影响因素

（一）固体的理化性质与结构

固体的熔化、蒸发、分解、氧化等理化特性是决定固体燃烧速率的内部原因。在相同外界条件下，固体物质的化学活性越强（易分解或易氧化），那么它的燃烧速率越快，反之则慢。如同为金属晶体，主族金属元素 K、Na 等在空气中发生较快速的蒸发燃烧，而副族元素 Fe、Cu 及其合金则在高温下也只能发生缓慢的表面燃烧；红磷与白磷的晶体结构不同，白磷在空气中 40℃即可自燃且燃速很快，红磷则需加热到 260℃才发生自燃，燃速也小于白磷。从表 5-2 中列举的部分纤维试样的直线燃烧速率也可看出，同是纤维材料，但是它们的燃速也不一样，一般是：天然植物纤维>动物纤维；熔融人造纤维>非熔融人造纤维。

（二）氧指数

固体的燃烧速率与氧指数有关。氧指数（OI）又称临界氧浓度或极限氧浓度，它是指在规定条件下，试样在氧、氮混合气流中，维持平稳燃烧所需要的最低氧气浓度，以氧所占的体积百分比来表示。表 5-3 列举了部分材料的氧指数。

表 5-3　部分材料的氧指数

材料名称	氧指数（%）	材料名称	氧指数（%）
聚乙烯	17.4~17.5	聚乙烯醇	22.5
聚丙烯	17.4	聚甲基丙烯酸甲酯（有机玻璃）	17.3
聚苯乙烯	18.1	环氧树脂（普通）	19.8
聚氯乙烯	45~49	环氧树脂（脂环）	19.8
聚氯乙烯（软质）	23~40	氯丁橡胶	26.3
聚氟乙烯	22.6	乙丙橡胶	21.9
聚四氟乙烯	>95	硅橡胶	26~39
聚酰胺（线型）	22~23	聚乙烯醇	22.5
聚酰胺（芳香族）	26.7		

氧指数也是物质本身的固有特性之一，试样的 OI 值越大，说明该物质材料的燃烧性能越差，其燃烧速率就越慢；试样的 OI 值越小，说明该材料的燃烧性能越好，其燃烧速率就越快。因此，氧指数是评价固体材料燃烧性能的一个重要指标，通常以氧指数为依据将固体材料进行分类：氧指数（OI）>50%的为不燃材料（A）；50%≥OI>27%的为难燃材料（B_1）；27%≥OI>20%的为可燃材料（B_2）；OI≤20%的为易燃材料（B_3）。氧指数（OI）可按式（5-5）来计算，即

$$OI = \frac{[O_2]}{[O_2]+[N_2]} \times 100\% \tag{5-5}$$

式中　$[O_2]$——氧气流量（L/min）；

　　　$[N_2]$——氮气流量（L/min）。

实验证明，用水或其他阻燃剂处理过的材料，其氧指数会升高，因此燃烧速率会减慢。

（三）固体比表面积

固体比表面积，即单位质量物质的总表面积。固体物质比表面积越大，燃烧速率越快。如大块木材、煤炭燃烧速率都很慢，而一旦成为刨花、薄片、小块状，比表面积增大，氧化作用越容易，燃烧速率也就越快；如果成粉尘状，比表面积更大，则能发生粉尘爆炸的危险；市场商铺中的大量衣物织品展开悬挂叫卖，也增大了可燃物的比表面积，一旦失火，火势即可迅速蔓延。

（四）水分及不燃介质含量

固体中或表面的水分、泥土等介质可看成是阻燃剂，它们的含量越多，固体的氧指数越大，其燃速越慢；反之亦然。例如，干木材较湿木材易燃；含煤矸石多的煤炭比含煤矸石少的煤炭燃烧慢等。

（五）固体物质的密度和热容

燃烧速率与固体密度的平方成反比，因此固体的密度越大，燃烧速率越小；而热容大，导热性差的物质，燃烧速率也小。例如，在相同实验条件下，让密度分别为 $0.35t/m^3$、$0.45t/m^3$、$0.62t/m^3$ 的木材燃烧，3min 时，测得试样的质量损失率分别是 40%、30%、20%；而 4min 时，测得它们的质量损失率分别是 60%、40%、30%。

（六）火灾负荷

火灾负荷是指单位火场面积上的可燃物数量。火灾负荷大，则火场放热速率高，从而使燃烧速率加快。以木材为例，实验测得火灾负荷为 $25kg/m^2$ 时，其平均燃烧速率为 $50kg/（m^2 \cdot h）$；而火灾负荷增加到 $50kg/m^2$ 时，其平均燃烧速率为 $52kg/（m^2 \cdot h）$。

（七）燃烧方向

固体可以在任何方向的表面上燃烧，这一点与液体不同。从蒸气与氧气的混合及产物的扩散分析，固体处于火焰正上方呈垂直燃烧时速率最快。因为燃烧的火焰和产物向上方扩散，使其未燃部分预热升温，促使蒸发、分解，燃烧速率加快。固体的燃速一般是：垂直向上方向>水平方向>垂直向下方向。

（八）空气流速（风）

固体物质发生燃烧过程中，外界的空气流会大大增加可燃材料表面氧气的供给。风可使火焰倾斜，增强了向前部分未燃材料表面的传热速率，所以，在一定风力范围内，风速越大，固体的燃烧速率就越快。随着风力的加强，固体燃烧速率将按指数关系增加，但当风速增加到某一临界值时，固体表面热损失远大于加速燃烧的放热量，致使降温至固体燃点以下，而使火焰熄灭，燃烧停止。如风力灭火机能灭火，风可吹灭蜡烛等。

（九）阻燃剂

可燃性固体用阻燃剂处理后，其氧指数会升高，燃烧性能明显减弱，可使易燃材料变成难燃材料或不燃材料；有的仅碳化而不着火、不冒烟；有的虽碳化、着火或发烟，而一旦离开火源，则可自动熄灭，难以延烧，致使燃烧速率降低。

【思考题】

1. 已知 100kg 某木材燃烧 4min 后，其单位面积上的质量损失率为 60%，试求该木材的平均质量燃烧速率。

2. 影响固体燃烧速率的因素主要有哪些？

第四节　典型可燃固体物质的燃烧

【学习目标】

1. 熟悉自燃、自燃点的概念及自燃的分类。
2. 掌握植物自燃的原因和预防措施。
3. 掌握木材、高聚物、金属的燃烧过程和特点。
4. 了解聚氨酯材料的分类和防火使用要求。

一、植物自燃

（一）能发生自燃的植物产品

实验证明，大多数植物的茎、叶，诸如稻草、麦草、麦芽、锯末、树叶、籽棉、甘蔗渣以及粮食等，由于本身表面上附着大量微生物，当大量堆积时就会发热导致自燃。

（二）植物自燃的原因

植物的自燃，是微生物作用、物理作用和化学作用所致，它们是彼此相连的三个阶段。

1. 微生物作用

由于植物体中含水分，并且在适宜的温度下，受微生物的作用，使植物体腐败发酵而放热。若热量散发不出去，使温度上升到 70℃ 左右时，微生物就会死亡，微生物死亡，生物阶段告终。

2. 物理作用

温度到 70℃ 时，植物中不稳定的化合物（果酸、蛋白质及其他物质）开始分解，生成黄色多孔炭，吸附蒸气和氧气并析出热，继续升温到 100~130℃，这时可引起新的化合物不断分解炭化，促使温度不断升高。

3. 化学作用

当温度升到 150~200℃，植物中的纤维素就开始分解，并进入氧化过程，生成的炭能够剧烈地氧化放热，温度继续升高到 250~300℃ 时，若积热不散就会着火。

（三）植物自燃的条件

1. 一定的湿度

水分是微生物生存和繁殖的重要条件，植物发生自燃首先必须具有微生物生存的湿度。

实践表明，干燥和过湿的植物产品，通常不能自燃。

2．良好的蓄热条件

堆垛在一起，热量散发不掉而不断积累使温度逐渐升高以致达到自燃点。

（四）预防植物自燃的基本措施

1．控制湿度

植物在堆垛前必须认真检查含水量。如果在危险湿度（稻草 20%、籽棉 12%），必须晾干后才能堆垛；或先堆成小堆，经干燥后堆成标准垛。

2．控制堆垛

一般应控制堆垛的大小，且在每个堆垛的垂直方向和横向都设通风孔，堆垛之间要保持一定间距，以利于散发垛内热量和平时的安全检查。

3．防雨防潮

雨雪天不能进行堆垛作业，垛顶要封好。如果发现渗漏，要及时采取措施。

4．加强检测

对植物堆垛，要设专人检测温度和湿度。发现冒气、塌陷、有异味及温度达到 40～50℃时，应重点监视；温度在 60℃以上时，必须立即倒垛散热，倒垛时要采取防护措施，防止垛内自燃或引起飞火蔓延。

根据实验，稻草、籽棉发生自燃的危险参数见表 5-4。

表 5-4　稻草、籽棉发生自燃的危险参数

植物名称	危险湿度（%）	危险温度/℃	炭化点/℃	自燃点/℃	堆高限度/m
稻草	20	70	204	338	10
籽棉	12	38	205	407	5

二、木材的燃烧

木材及木质制品（如胶合板、木屑板、粗纸板、纸卡片等）是建筑装饰中最常用的一种材料。它广泛用于框架、板壁、屋顶、地板、室内装饰及家具等方面。在火灾发生时常涉及木材，所以研究这种多用途的物质在火灾中的反应显得十分重要。

（一）木材的化学组成

木材一般分为两大类，即针叶木（又称软木）和阔叶木（又称硬木）。针叶木有云杉、冷杉、铁杉、落叶松、松木、柏木等；阔叶木有杨木、枫木、桉木、榉木等。木材的种类、产地不同，木材的组成也不同，但主要由碳、氢、氧构成，还有少量氮和其他元素，且通常不含硫元素。表 5-5 列举了部分干木材的化学成分。木材是典型的混合物，主要由纤维素 [（$C_6H_{10}O_5$）$_x$]（含量为 39.97%～57.84%）、木质素（含量为 18.24%～26.17%）组成，另外还含有少量的缩糖、蛋白质、脂肪、树脂、无机质（灰分）等成分。

表 5-5　部分干木材的化学成分（%）

种类	碳	氢	氧	氮	灰分
橡树	50.16	6.02	43.26	0.09	0.37
桉木	49.18	6.27	43.19	0.07	0.57
榆木	48.99	6.20	44.25	0.06	0.50
山毛榉	49.60	6.11	44.17	0.09	0.57
桦木	48.88	6.06	44.67	0.10	0.29
松木	50.31	6.20	43.08	0.04	0.37
白杨	49.37	6.21	41.60	0.95	1.86
枞木	52.30	6.30	40.50	0.10	0.80

（二）木材的燃烧过程

木材属于高熔点类混合物，在干燥、高温、富氧条件下，木材燃烧一般包含分解燃烧和表面燃烧两种燃烧类型；在高湿、低温、贫氧条件下，木材还能发生阴燃。木材燃烧过程大体分为干燥准备、有焰燃烧和无焰燃烧三个阶段。

（1）干燥准备阶段：在热作用下木材中的水分蒸发，大约 105℃时，木材呈干燥状态；温度达到 150～200℃时，木材开始弱分解，产生水蒸气（分解物）、二氧化碳、甲酸、乙酸等气体，为燃烧做好准备。

（2）有焰燃烧阶段：温度在 200～250℃时，木材开始碳（焦）化，产生少量水蒸气及一氧化碳、氢气、甲烷等气体，伴有闪燃现象；当温度达 250～280℃时，木材开始剧烈分解，产生大量的一氧化碳、氢气、甲烷等气体，并进行稳定的有焰燃烧，直到木材的有机质组分分解完为止，有焰燃烧才结束。

（3）表面燃烧阶段：当木材析出的可燃气体很少时，有焰燃烧逐渐减弱，氧气开始扩散到碳质表面进行燃烧；当两种形式燃烧同时进行一段时期，且不能再析出可燃气体后，则完全转变成碳的无焰燃烧，直至熄灭。

（三）木材的燃烧特点

1．燃烧过程比较复杂

从上面的分析可看出，木材及木制品的燃烧包括有焰燃烧、表面燃烧或阴燃等燃烧类型，燃烧的方式可以是闪燃、自燃、着火等形式，而且燃烧过程中伴随着干燥、蒸发、分解、碳化等物质变化，因此，木材的燃烧过程比较复杂。

2．燃烧性能比较稳定

从延烧过程来看，在燃烧过程中木材没有软化、熔融现象，同时由于木材导热系数较小，并且总是以由表及里的方式进行燃烧，所以粗大的木材（如承重梁）燃烧一段时间后，仍具有支撑能力。

从燃烧产物的成分来看，木材的完全燃烧产物主要是二氧化碳和水两种物质。

从燃烧参数来看，木材的燃点一般介于 250～275℃，自燃点界于 410～440℃之间。木材的平均热值约为 20000kJ/kg。表 5-6 列举了部分木材的燃点和自燃点，表 5-7 列举了一些木材、木制品和某些比较物的热值。

表 5-6　某些木材的燃点和自燃点　　　　　　　　　　　　（单位：℃）

木材种类	燃点	自燃点
榉木	264	424
红松	263	430
白桦	263	438
针枞	262	437
杉	240	421
落叶松	271	416

表 5-7　木材、木制品和某些比较物的热值

物质名称	热值/（kJ/kg）	物质名称	热值/（kJ/kg）
栎木锯末	19755	包装纸	16529
松木锯末	22506	石油焦	36751
碎木片	19185	沥青	36910
松树树皮	51376	棉籽油	39775
纸箱	13866	石蜡	41031
白报纸	18866		

三、高聚物燃烧

高聚物也叫聚合物，是指由单体合成得到的高分子化合物，一般是指合成纤维、合成橡胶和塑料，即"三大合成材料"。

（一）高聚物的化学组成

高聚物是以烯烃、炔烃、醇、醛、羧酸及其衍生物，以及 HCl、HBr、NH_3、H_2S、S 等无机物为基础原料进行化学反应而合成的，因此，它们主要由 C、H、O 元素构成，同时还含有 Cl、Br、N、S 等元素。现代生产生活中，三大合成材料具有广泛的用途，在许多方面已成为天然材料的替代品，而且与使用天然材料不同，合成材料的制品几乎都是纯净物（有的含少量添加剂），例如聚氯乙烯、尼龙、聚丙烯腈（人造羊毛）、氯丁橡胶等。

（二）高聚物的燃烧过程

大多数高聚物都具有燃烧性，但一般不发生蒸发燃烧和表面燃烧，而只会发生分解燃烧。在热作用下，高聚物一般经过熔融、分解和着火三个阶段进行燃烧。

1．熔融阶段

高聚物具有很好的绝缘性、很高的强度、良好的耐腐蚀性，但是高聚物的耐热性差，容易受热软化、熔融，变成黏稠状熔滴。表 5-8 列举了部分高聚物的燃烧特性。

表 5-8 部分高聚物的燃烧特性

高聚物	软化温度/℃	熔融温度/℃	分解温度/℃	分解产物	燃烧产物
聚乙烯	123	220	335～450	H_2、CH_4、C_2H_4	CO、CO_2、C
聚丙烯	157	214	328～410	H_2、CH_4、C_3H_6	CO、CO_2、C
聚氯乙烯	219	—	200～300	H_2、C_2H_4、HCl	CO、CO_2、HCl
ABS	202	313	—	—	—
醋酸纤维	200	260	—	CO、CH_3OH	CO、CO_2、C
尼龙-6	180	215～220	310～380	己内酰胺、NH_3	CO、CO_2、N_2O_x、HCN
涤纶	235～240	255～260	283～306	C、CO、NH_3	CO、CO_2、N_2O_x、HCN
腈纶	190～240	—	250～280	C、CO、NH_3	CO、CO_2、N_2O_x、HCN
维纶	220～230	—	250	C、CO、NH_3	CO、CO_2、N_2O_x、HCN

2. 分解阶段

温度继续升高，高聚物熔滴开始变成蒸气，继而气态高聚物分子开始断键，从高分子裂解成小分子，产生烷烃、烯烃、氢气、一氧化碳等可燃气体，同时冒出黑色碳粒浓烟。塑料、合成纤维的分解温度一般为 200～400℃；合成橡胶的分解温度约为 400～800℃。

3. 着火阶段

高聚物着火其实是热分解产生的可燃气体着火。火场上可能出现以下几种情况：

（1）热分解产生的可燃气体数量较少，遇明火产生一闪即灭现象，即发生闪燃。

（2）可燃气体和氧气浓度都达到燃烧条件，遇明火立即发生持续稳定的有焰燃烧。

（3）虽然有较多的可燃气体，却因缺氧（如在封闭房间内），所以燃烧暂时不能进行，但是一旦流入新鲜空气（如开启门窗），则有可能立即发生爆燃，使火势迅速扩大。

以上分析可看出，由于高聚物一般不溶于水，且是靠高温分解进行燃烧，所以同扑救木材、棉、麻、纸张等天然物品的火灾一样，水也是扑救高聚物火灾的最好灭火剂。

（三）高聚物的燃烧特点

1. 发热量大

大多数合成高聚物材料的燃烧热都比较高，如软质聚乙烯的热值为 46610kJ/kg，比煤炭、木材的热值分别高出 1 倍和 2 倍还多；发热量大，使得高聚物的燃烧温度（火焰温度）升高，可达 2000℃，从而加剧了燃烧。部分高聚物材料的燃烧热及火焰温度见表 5-9。

表 5-9 部分高聚物材料的燃烧热及火焰温度

材料名称	燃烧热/（kJ/kg）	火焰温度/℃	材料名称	燃烧热/（kJ/kg）	火焰温度/℃
软质聚乙烯	46610	2120	赛璐珞	17300	—
硬质聚乙烯	45880	2120	缩醛树脂	16930	—
聚丙烯	43960	2120	氯丁橡胶	23430～32640	—
聚苯乙烯	40180	2210	香烟	—	500～800
ABS	35250	—	火柴	—	800～900
聚酰胺（尼龙）	30840	—	煤（一般）	23010	—
有机玻璃	26210	2070	木材	14640	—

2．燃烧速率快

高聚物因为发热量大，使得燃烧温度高，火场热辐射强度增大，传给未燃材料的热量也增多，因而加快了材料软化、熔融、分解的速率，所以其燃烧速率也随之加快。部分高聚物的燃烧速率见表 5-10。

表 5-10　部分高聚物的燃烧速率　　　　　　（单位：mm/min）

材料名称	燃烧速率	材料名称	燃烧速率
聚乙烯	7.6～30.5	硝酸纤维	迅速燃烧
聚丙烯	17.8～40.6	醋酸纤维	12.7～50.8
聚苯乙烯	27.9	聚氯乙烯	自熄
有机玻璃	15.2～40.6	尼龙	自熄
缩醛	12.7～27.9	聚四氟乙烯	不燃

3．发烟量大

高聚物中含碳量都很高，如聚苯乙烯的含碳量为 99.84%，因此，在燃烧时很难燃烧完全，大部分碳都以黑烟的形式释放到空气中。据对比实验分析，高聚物燃烧的发烟量通常是木材、棉、麻等天然材料的 2～3 倍，一般起火后在不到 15s 内就产生烟雾，在不到 1min 就会让视线模糊起来。火场上浓密的烟雾加大了受困人员逃生以及救援人员施救的难度。

4．有熔滴

在燃烧过程中许多聚合物都会软化熔融，产生高温熔滴。高温熔滴产生后会带着火焰滴落、流淌，一方面扩大了燃烧面积，另一方面对火场人员构成了巨大威胁，如聚乙烯、聚丙烯、有机玻璃、尼龙等。

5．产物毒性大

实际上，在所有重大火灾中，造成人员伤亡的主要原因是吸入了高温有毒的气体燃烧产物（其毒性大小一般用半数致死量 LD_{50} 来确定）。实验证明，可燃物的化学组成和燃烧温度是决定燃烧产物毒性大小的两个重要因素。一般而言，对于同一可燃物，燃烧温度较低的燃烧产物其毒性比燃烧温度高的燃烧产物的毒性大（如在 400℃、600℃时木材燃烧产物的 LD_{50} 分别为 14mg/L 和 55mg/L）；而在同一燃烧温度下，高聚物的燃烧产物的毒性比天然材料燃烧产物的毒性大，这是因为高聚物燃烧会迅速产生大量的 CO、CO_2、N_2O_x、HCN、$COCl_2$（光气）等有害气体。例如，在燃烧温度为 600℃时，木材、聚氯乙烯、腈纶毛线的 LD_{50} 分别为 55mg/L、21.6mg/L、3.22mg/L。可见，高聚物燃烧产物的毒性十分强烈，火场上，加强防排烟措施就显得十分重要。

（四）典型高聚物燃烧

1．塑料燃烧

塑料都是人工合成材料，大自然中没有。塑料有软性塑料和硬性塑料两种。常见的软性塑料有聚乙烯（PE），硬性塑料有聚氯乙烯（PV）、聚丙烯（PP）、聚苯乙烯树脂（PS）等。塑料透水性差、抗酸碱腐蚀性能强、具有很好的韧性，但受热时有很好的可塑性，在生产生活中用途十分广泛，主要用于包装、建材、地膜、日用品、机械制造等领域。

研究表明，塑料主要以分解形式进行燃烧，燃烧产物中主要有 CO、CH_4、C_2H_4、C_2H_2、CO_2、H_2O、HCl 等气体，并伴有大量黑烟。塑料燃烧还可产生致癌物质"二噁英"，人体吸入危害性很大。相比较而言，软性塑料的燃烧性能较好，其燃点较低、燃速较快，发烟量较大，且燃烧过程中有熔滴；硬性塑料的燃烧性能较差，其燃点较高、燃速较慢，发烟量较小，燃烧过程中没有熔滴。

2. 合成纤维燃烧

合成纤维是一类用小分子有机化合物为原料合成制得的化学纤维，如聚丙烯腈、聚酯、聚酰胺等。与天然纤维相比，合成纤维的原料是由人工合成方法制得的，生产不受自然条件的限制。合成纤维是一类具有可溶（或可熔）性的线型聚合物，具有强度高、质轻、易洗快干、弹性好、不怕霉蛀等性能。经纺丝成形、加工处理后，合成纤维可用来生产衣物、地毯、被装等纺织用品。

合成纤维着火主要还是以分解形式进行燃烧。合成纤维中主要含有 C、H、O、N 四种元素，其燃烧产生物主要有 CO、CH_4、CO_2、H_2O、HCN、NO 等气体，并伴有黑烟。与天然纤维燃烧相比，合成纤维的燃点较低、燃速较快、发热量和发烟量较大，燃烧中有卷曲或有熔滴，没有动物毛发烧焦的气味产生，燃烧产物的毒性更大。

3. 合成橡胶燃烧

橡胶有天然橡胶和合成橡胶两种。从橡胶树生产出的橡胶称为天然橡胶；用化学方法合成制得的橡胶称为合成橡胶。合成橡胶是人工合成的高弹性聚合物，也称合成弹性体，产量仅低于合成树脂（或塑料）、合成纤维。合成橡胶一般在性能上不如天然橡胶全面，但它具有高弹性、绝缘性、气密性、耐油、耐高温或低温等性能，因而广泛应用于工农业、国防、交通及日常生活中。合成橡胶在 20 世纪初开始生产，从 40 年代起得到了迅速的发展。常用的合成橡胶有顺丁橡胶、异戊橡胶、丁苯橡胶、丁腈橡胶、氯丁橡胶等。

合成橡胶着火主要还是以分解形式进行燃烧。合成橡胶中主要含有 C、H、O、S、N、Cl 等多种元素，其燃烧产生物主要有 CO、CH_4、CO_2、H_2O、SO_2、HCN、NO、HCl 等气体，并伴有黑烟。与天然橡胶燃烧相比，合成橡胶的燃点较低、燃速较快、发热量和发烟量较大，燃烧有熔滴，燃烧产物的毒性更大。

4. 聚氨酯保温材料燃烧

聚氨酯是聚氨基甲酸酯的简称，主要含有 C、H、O、N 四种元素，是一类主链含聚氨甲酸基（-NHCOO-）重复结构单元的高分子聚合物。聚氨酯材料主要由异氰酸酯（单体）与羟基化合物聚合而成，英文缩写为 PU。聚氨酯是 20 世纪 60 年代从德国发展起来的新兴有机高分子材料，被誉为继聚乙烯、聚丙烯、聚氯乙烯、聚苯乙烯之后的"第五大塑料"。此种材料具有橡胶、塑料的双重优点，尤其是在隔热、隔音、耐磨、耐油、弹性、挠曲性等方面有其他合成材料无法比拟的优势，所以广泛应用于化工、轻工、纺织、建筑、家电、交通运输、航天等领域。如生活中常见的人造革、人造丝、地板胶、氨纶纺织品、海绵、保温泡沫板等都是聚氨酯类物质。

聚氨酯物质燃烧时同样具有发热高、发烟量大、产物毒性强等一般通性。但是实验表明，不同种类的聚氨酯其燃烧性能是不一样的。如最常见的聚氨酯泡沫，有软泡、硬泡、半硬泡之分，它们的燃点、燃烧速率等性能指标都不尽相同；即使是同一类聚氨酯泡沫，根据配方不同，其燃烧性能也有很大区别。依据《建筑材料及制品燃烧性能分级》（GB 8624—2012），按燃烧性能分类，聚氨酯材料可分为 B_1 难燃、B_2 可燃、B_3 易燃三种类型，因此并不是所有聚氨酯材料都是易燃品。另外，聚氨酯本身无毒，但其燃烧产物中因为含有大量的一氧化碳和氰化氢毒气，所以火灾中会对人员造成很大危害。表 5-11 列举了聚苯乙烯挤塑板、橡胶海绵、聚氨酯泡沫三种材料的燃烧性能参数，从表中看出聚氨酯泡沫的发热量、发烟量、燃烧产物毒性都较大，氧指数较低，所以火灾危险、危害性较严重。

表 5-11　聚苯乙烯挤塑板、橡胶海绵、聚氨酯泡沫三种材料的燃烧性能参数

参数	聚苯乙烯挤塑板	橡塑海绵	聚氨酯泡沫
氧指数	26.4	33.8	22.6
热值/（mJ／kg）	3.91	1.66	2.62
烟气中 CO 峰值浓度（%）	0.023	0.063	0.081
烟气中 CO_2 峰值浓度（%）	0.32	0.24	0.76
烟气释放速率峰值/（m^2／s）	0.27	2.71	0.79
放热速率峰值/kW	20.3	14.2	54.3
放热总量/kJ	7.92	1.68	9.27

注：实验方法为单体燃烧实验法（SBI），试样尺寸为 1.0m×1.5m×0.04m。

近年来，我国正在逐步完善建筑节能标准并大力推广。例如，建设部在 2005 年成立了"聚氨酯建筑节能应用推广工作组"；我国颁布的《节能中长期专项规划》中也要求，新建建筑要严格执行节能标准，并对现有建筑逐步施行节能改造等。据资料显示，目前我国聚氨酯在建筑保温材料的市场份额约为 10%，但自 1998 年以来，我国聚氨酯工业的发展势头十分强劲，年均增长率高达 30%以上。

按照国家标准规范《建筑内部装修设计防火规范》（GB 50222—2017）要求，用于公共娱乐所顶棚装饰材料燃烧性能必须达到 A 级不燃材料标准；根据《民用建筑外保温系统及外墙装饰防火暂行规定》[2009]46 号规定，高度大于等于 60m 小于 100m 的非幕墙式住宅建筑，其外保温材料的燃烧性能不应低于 B_2 级，且当采用 B_2 级保温材料时，每层应设置水平防火隔离带。2008 年发生在深圳舞王歌厅的"9.20 大火"（死亡 44 人）以及 2009 年发生在福建长乐市拉丁酒吧的"2.1 火灾"（死亡 15 人），事后调查发现，这些场所都使用了不合格的聚氨酯泡沫材料进行装修，因此造成了大量人员伤亡，教训十分深刻。因此，在实际消防监督工作中，若遇到聚氨酯类装修保温材料时，应根据国家标准，严格进行执法监督，以消除安全隐患。

四、金属的燃烧

（一）金属的组成

在元素周期表中有 85 种金属元素，除汞是液体之外，常温常压下的所有金属都是固体。

金属由金属键构成，金属里具有自由电子，因而表现出良好的导电性、导热性，同时金属的熔点都比较高，通常具有一定的刚韧性。现实生活中，金属一般是以单质或合金两种形式加以运用。在空气中性质稳定的金属（如铁、铜、铝等）通常被加工制造成各种形状的设备和零件，有时则被制成金属粉屑，如金粉（铜粉）、铝粉（银粉）等；而性质活泼的金属则要特殊保存，如 K、Na 一般保存在煤油中。

（二）金属的燃烧过程

由于金属及其氧化物的熔点、沸点不同，金属的燃烧类型主要有两种，即蒸发燃烧和表面燃烧。

1. 金属的蒸发燃烧

低熔点活泼金属如钠、钾、镁、钙等，容易受热熔化变成液体，继而蒸发成气体扩散到空气中，遇到火源即发生有焰燃烧，这种燃烧现象称为金属的蒸发燃烧。发生蒸发燃烧的金属通常被称为挥发金属。实验证明，挥发金属沸点比它的氧化物熔点要低（钾除外）。挥发金属及其氧化物的性质见表 5-12。所以在燃烧过程中，金属固体总是先于氧化物被蒸发成气体，扩散到空气中燃烧，而氧化物则覆盖在金属的表面上；只有当燃烧温度达到氧化物的熔点时，固体表面的氧化物也变成了蒸气扩散到气相燃烧区，在与空气的界面处因降温凝聚成固体微粒，从而形成白色烟雾。因此，生成大量氧化物白烟是金属蒸发燃烧的最明显特征。

金属的蒸发燃烧过程是：金属固体→金属液体→金属蒸气→与空气混合→均相有焰燃烧→金属氧化物白烟。

表 5-12　挥发金属及其氧化物的性质

金属	熔点/℃	沸点/℃	燃点/℃	对应氧化物	熔点/℃	沸点/℃
Li	179	1370	190	Li_2O	1610	2500
Na	98	883	114	Na_2O	920	1277
K	64	760	69	K_2O	527	1477
Mg	651	1107	623	MgO	2800	3600
Ca	851	1484	550	CaO	2585	3527

2. 金属的表面燃烧

像铝、铁、钛等高熔点金属通常被称为非挥发金属。非挥发金属的沸点比它的氧化物的熔点要高。非挥发金属及其氧化物的性质见表 5-13。所以在燃烧过程中，金属氧化物总是先于金属固体熔化变成气体，使金属表面裸露与空气接触，发生非均相的无火焰燃烧。由于金属氧化物的熔化消耗了一部分热量，减缓了金属的氧化燃烧速率，固体表面呈炽热发光现象，如氧焊、电焊、切割火花等。非挥发金属的粉尘悬浮在空气中可能发生爆炸，且无烟生成。

金属的表面燃烧过程是：金属固体→炽热表面与空气接触→非均相无焰燃烧。

表 5-13　非挥发金属及其氧化物的性质

金属	熔点/℃	沸点/℃	燃点/℃	对应氧化物	熔点/℃	沸点/℃
Al	660	2500	1000	Al_2O_3	2050	3527
Si	1412	3390	—	SiO_2	1610	2727
Ti	1677	3277	300	TiO_2	1855	4227
Zr	1852	3447	500	ZrO_2	2687	4927

（三）金属燃烧的特点

实验表明，85 种金属元素几乎都会在空气中燃烧。金属的燃烧性能不尽相同，有些金属在空气或潮气中能迅速氧化，甚至自燃；有些金属只是缓慢氧化而不能自行着火；某些金属，特别是 IA 族的锂、钠、钾，ⅡA 族的镁、钙，ⅢA 族的铝，还有锌、铁、钛、锆、铀、钚在片状、粒状和熔化条件下容易着火，属于可燃金属，但大块状的这类金属点燃比较困难。低熔点固体的燃烧一般以蒸发燃烧形式进行；高熔点固体的燃烧通常则是表面燃烧。

有些金属如铝和钢，通常不认为是可燃物，但在细粉状态时可以点燃和燃烧。金属镁、铝、锌或它们的合金的粉尘悬浮在空气中还可能发生爆炸。还有些金属如铀、钚、钍，它们既会燃烧，又具有放射性。在实际运用上，放射性既不影响金属火灾，也不受金属火灾性质的影响，使消防复杂化，而且造成污染问题。在防火中还需要重视某些金属的毒性，如汞。

金属的热值较大，所以以燃烧温度比其他材料的要高（如 Mg 的热值为 610000kJ/kg，燃烧温度可高达 3000℃以上）。大多数金属燃烧时遇到水会产生氢气引发爆炸；还有些金属（如钠、镁、钙等）性质极为活泼，甚至在氮气、二氧化碳中仍能继续燃烧，从而增大了金属火灾的扑救难度，需要特殊灭火剂如三氟化硼、7150 等进行施救。

【思考题】

1．简述植物自燃原因和过程。

2．简述木材的燃烧过程。

3．以聚氨酯材料燃烧的火灾为例，论述高聚物燃烧的危害特点。

4．金属燃烧有什么特点？

第五节　固体材料阻燃处理

【学习目标】

1．了解固体材料的阻燃和防护技术。

2．熟悉阻燃剂及其分类。

3．掌握阻燃的基本原理。

阻燃、探测、灭火和控烟是控制火灾的重要环节。在完善消防功能和消防基础设施的同时，延长可燃结构材料的耐火时间，降低材料的可燃性，减缓可燃材料的燃烧速率，降低产烟量，对火灾的发生以及争取火灾发生初期的宝贵时间以便人员疏散和及时控制、扑救火灾十分重要。因此，对材料采用阻燃处理是防止和减少火灾损失的重要措施。

阻燃是使固体材料具有防止、减缓或终止有焰燃烧以及提高耐火的性能。在建筑、电气及日常生活中使用的木材、塑料和纺织品，大多数是易燃材料。为了预防火灾的发生或者发生火灾以后阻止或延缓火灾的发展，往往用阻燃剂对易燃材料进行阻燃处理，使易燃材料变成难燃，或仅碳化而不着火、不发烟，或虽碳化、着火和发烟，但燃烧难以扩展。

一、阻燃剂及其分类

（一）阻燃剂

所谓阻燃剂，就是用以提高材料抗燃性即阻止材料被引燃及抑制火焰传播的助剂。通过阻燃处理，使固体材料具有防止、减缓或终止有焰燃烧以及提高耐火的性能。常用的阻燃方法有两种：一是在材料的表面喷涂阻燃剂（防火涂料）；二是在产品生产过程中加入阻燃剂制备阻燃材料。阻燃剂的阻燃性主要通过下列作用来实现：

1. 捕捉自由基

根据链锁反应理论，燃烧能够继续并发展下去，是因为活性自由基的作用。在烃类燃烧中，这种活性自由基主要是 HO 自由基。卤系阻燃剂在燃烧中释放出的卤化氢（HCl、HBr）具有与 HO 自由基反应生成 H_2O 的作用，使 HO 自由基减少，从而达到阻燃的作用。

2. 吸收热量

某些阻燃剂在燃烧过程中要吸收大量热量，使燃烧温度难以上升，从而产生阻燃效果。例如，氢氧化铝阻燃剂在 300℃ 时就会发生以下分解反应，同时每克要吸收 1.97J 的热量，反应式为

$$2Al（OH）_3 \Longrightarrow Al_2O_3 + 3H_2O$$

又例如，硼砂阻燃剂在燃烧受热时，要释放出 10 个结晶水，同时每摩尔硼砂要吸收 142kJ 的热量，反应式为

$$Na_2B_4O_7 \cdot 10H_2O \Longrightarrow Na_2B_4O_7 + 10H_2O$$

3. 覆盖作用

某些阻燃剂，例如磷酸酯类化合物和防火涂料等，在较高温度下会生成稳定的覆盖层，或分解生成泡沫状物质，覆盖于材料表面，使材料因热分解而产生的可燃气体难以逸出，同时起到隔热和隔绝空气的作用，从而达到阻燃的目的。

4. 稀释作用

磷酸铵、氯化铵、碳酸铵等阻燃剂在燃烧时被加热能产生 CO_2、NH_3、HCl 和 H_2O 等不燃或难燃气体，使材料受热分解释放的可燃气体被稀释而达到阻燃的效果。

5. 转移效应

磷酸铵、氯化铵等阻燃剂在被加热时会分解出 HCl、H_3PO_4 等物质，纤维素在这种酸性环境中被加热，其热分解会发生变化，不是像正常情况下放出可燃气体，而是使纤维素脱水和碳化。因为不产生可燃气体，也就不能很好地燃烧。

6. 增强效应

有些阻燃剂单独使用，其阻燃作用并不显著，但如果同时使用几种阻燃剂，其阻燃作用会大大加强。例如，三氧化二锑和卤系阻燃剂合用，则效果非常显著。这是因为生成密度很大的 $SbCl_3$ 和 $SbBr_3$ 覆盖在材料表面。

应该指出，不同阻燃剂其阻燃机理是不同的，同一种阻燃剂往往是一种或多种阻燃效应同时在起作用。在实际使用时应根据不同材料、不同条件加以选用调配。在选择阻燃剂时，要求阻燃效果好，作用时间长，对材料的物理机械性能无多大的影响，无毒害作用，价格便宜，操作方便。

（二）阻燃剂的分类

根据目前对阻燃剂类别的划分，可以看出，能对聚合物材料起阻燃作用的有元素周期表中第 V 族的 N、P、As、Sb、Bi 和第Ⅶ族的 F、Cl、Br、I 以及 B、Al、Mg、Ca、Zn、Sn、Mo、Ti 等的化合物。常用的是 Cl、Br、P、Sb、Al、Mg 等元素的无机物和有机物，若这些元素是以化学键的形式结合到聚合物链上的，称为反应型阻燃剂；若掺混在聚合物中，则称为添加型阻燃剂。其中添加型阻燃剂分为无机阻燃剂和有机阻燃剂。

1. 无机阻燃剂

无机阻燃剂的阻燃作用主要是吸热和提高材料表面致密性，它有稳定性好、不挥发、不析出、低毒、价格低廉、安全性高等优点；其缺点是：为达到较好的阻燃效果添加量大，从而导致聚合物材料的加工性能和物理机械性能下降。无机阻燃剂的种类繁多，见表 5-14，其中氢氧化铝阻燃剂应用很广泛。

表 5-14　无机阻燃剂的种类

元素名称	化合物名称	参与反应的状态
磷（P）	红磷	液相，固相
锡（Sn）	氧化锡、氢氧化锡	不明
锑（Sb）	氧化锑	气相
钼（Mo）	氧化钼、钼酸铵	不明
硼（B）	硼酸锌、偏硼酸钡	液相，固相
锆（Zr）	氧化锆、氢氧化锆	不明
铝（Al）	氢氧化铝、碱式碳酸铝钠	固相，气相
镁（Mg）	氢氧化镁	固相，气相
钙（Ca）	铝酸钙	固相，气相

2. 有机阻燃剂

有机阻燃剂的品种很多，按化合物类别来区分，主要是有机磷系阻燃剂、有机卤系阻燃剂、有机硼系阻燃剂和有机硅系阻燃剂等。在有机磷系阻燃剂中又可分为含卤和不含卤两类；在卤系阻燃剂中则分为氯系和溴系两类。

（1）有机磷系阻燃剂

常用的有机磷系阻燃剂见表 5-15。

表 5-15　常用的有机磷系阻燃剂

种类	名称	分子量	磷（%）	卤素（%）
不含卤	磷酸三辛酯	434	7.1	—
	磷酸丁乙醚酯	398	7.8	
	辛基磷酸二苯酯	362	8.6	
含　卤	三（氯乙基）磷酸酯	286	10.8	37（Cl）
	磷酸三（2，3-二溴丙基）酯	698	4.4	68.8（Br）
	磷酸三（2，3-二氯丙基）酯	431	7.2	49.4（Cl）

　　经验表明，如果在高聚物中含有 5%以上的磷，就有阻燃效果。有机磷系阻燃剂在室温下多为液态，故有增加高聚物流动性的倾向，并且有较大毒性、发烟量大、易于水解和热稳定性差等缺点。

　　（2）有机卤系阻燃剂

　　有机卤系阻燃剂的阻燃效果随卤元素的分子量增加而增大：I>Br>Cl>F，但碘化物不稳定、易分解，尽管其阻燃效果最好，也很少使用。在实际中，使用的是含氯或含溴的有机阻燃剂。在氯系阻燃剂中比较常用的是氯化聚乙烯和全氯环戊癸烷。含 Cl、Br 的卤系阻燃剂是唯一用于合成材料阻燃的阻燃材料，特别是用于塑料阻燃，其中溴系阻燃剂由于阻燃效果更好，价格低廉，因此其应用范围比氯系阻燃剂更广。目前，生产的溴系阻燃剂约有 70 多种，其销售量一直是各类阻燃剂中最大的，也是复合材料树脂基体和电子电气产品中使用量最多的，全球电子电气产品所用的阻燃剂约有 80%左右是溴系阻燃剂，由于溴化物产生热分解后的腐蚀和毒性比氯化物小，阻燃效果比氯化物高，使用溴系阻燃剂越来越多。在溴系阻燃剂中，脂肪族和脂环族类含溴阻燃剂是阻燃效果最好的阻燃剂，但成型加工温度不得超过 200℃。四溴双酚 A、六溴环十二烷和溴化环氧树脂等的开发，以其热稳定性好、毒性低而得到人们的重视。与磷系、氯系有机阻燃剂比较，溴系阻燃剂的价格较高，但因效果好，所以使用在不断地增加。

　　（3）有机硼系阻燃剂

　　硼系阻燃剂有含硼的环氧化物、硼酸化醇酸树脂、硼酸化氰酸酯聚合物，主要用于环氧树脂、不饱和聚酯树脂和聚氨酯等的阻燃，其中三（2，3-二溴丙基）硼酸酯阻燃和消烟效果较好，对其处理制品的使用性能影响较小。

　　（4）有机硅系阻燃剂

　　硅系阻燃剂既是一种新型无卤阻燃剂，也是一种成碳型抑烟剂。它作为一类高分子阻燃剂，具有高效、无毒、低烟、防滴落、无污染等特点，尤其是因它本身为聚合物材料，因此对制品的性能影响很小。被誉为"工业维生素"的有机硅材料，以其独特的阻燃性能以及在功能性填充剂开发中的突出功效而日益受到重视。

二、固体材料的阻燃和防护技术

（一）高聚物的阻燃技术

　　塑料是以聚合物（或称树脂）为主要成分，再加入填料、增塑剂、抗氧化剂、阻燃剂及其他一些为实现某种功能而添加的助剂，并经过某种方法加工而成的材料。塑料实现阻燃有以下方法及技术途径。

1. 物理共混技术

（1）与难燃聚合物共混法

这是在保持材料性能基本不变的情况下，将阻燃性差的聚合物与难燃聚合物共混，使共混后聚合物阻燃性提高，如 ABS/PVC 合金材料。ABS 是一种易燃材料，其氧指数为 19.0% 左右。获得阻燃 ABS 的最常用方法是在 ABS 中添加无机阻燃剂，但无机阻燃剂会严重降低 ABS 的力学性能，影响使用。而在 ABS 中添加适量的滞型聚合物 PVC，不仅可以降低无机阻燃剂的用量，也可以改善复合体系的力学性能。PVC 可将 ABS 的氧指数提高到 28.5%，但若对阻燃性能要求较高时，还需添加适量阻燃剂。

聚氯乙烯（PVC）分子中含氯量达 56%，具有很好的阻燃效果，氧指数高于 45，具有自熄性。但为制得软制品，需加入 50%的增塑剂等各种助剂，含氯量下降到 30%，氧指数降到 20，是一种易燃材料。为改善阻燃性能，可在其中加入一定量的阻燃剂。PVC 阻燃材料配方见表 5-16。

表 5-16　PVC 阻燃材料配方

原料名称	绝缘级/份	普通护套/份	注塑粒料/份
PVC（II型）	100	100	100
邻苯二甲酸二辛酯	35	30	30
磷酸三甲苯酯	—	8	10
癸二酸二辛酯	—	15	10
三盐基硫酸铅	4	3	5
二盐基亚磷酸铅	4	5	5
硬钡	1	1.5	1.5
硬铅	0.3	0.5	0.5
碳黑	—	1	1
碳酸钙	—	4	—
三氧化二锑（Sb_2O_3）	3	4	4

表 5-16 中 Sb_2O_3 加入聚氯乙烯中，在燃烧时会与 HCl 生成 $SbCl_3$，起覆盖作用，同时在反应过程还要吸收热量，这都起到很好的阻燃作用；氯化石蜡本身就是一种阻燃剂，与 Sb_2O_3 合用可以增强 PVC 材料的阻燃效果；若把铅、钡等金属盐类加入 PVC 材料中也能起到阻燃作用；$CaCO_3$ 是一种惰性填充材料，还是 HCl 的捕捉剂，同样可提高 PVC 材料的阻燃性能。

（2）添加阻燃剂法

在各类聚合物中添加阻燃剂，以达到改善材料阻燃性能的目的，这是目前最常采用的方法，也是最经济、最简便的方法。在生产实践中，为了添加无机阻燃剂与聚合物的相容性，一般要求对无机阻燃剂进行表面活性处理，以增加聚合物加工过程中的流动性和改善聚合物的物理机械性。

2. 化学反应技术

随着玻璃钢行业的发展，对树脂要求越来越高，特别是阻燃要求，以往多数阻燃剂均是在普通树脂中添加阻燃剂，这种添加型阻燃树脂存在阻燃效果不稳定、阻燃剂用量大、树脂加工性差、强度损失大等缺点。近几年，国内外把重点均放在开发反应型阻燃树脂上，反应型聚酯复合材料的阻燃主要是将可燃性基体树脂转变为难燃或不燃树脂。常用的主要原料有二溴新戊二醇、四溴苯酚等含卤原料。

（二）木材的阻燃处理

对木材及其制品的阻燃处理方法常用的有浸渍、涂刷和添加阻燃剂。对纤维板、木屑板等木制品采用添加阻燃剂进行阻燃处理；对于木材表面常采用涂刷防火涂料进行阻燃处理。对板材等原木制品可采用浸渍处理，它又可以分为常压浸渍处理和加压浸渍处理两种。常压浸渍处理是将木材在常压下浸渍在黏度较低的含有阻燃剂的溶液中，使阻燃剂溶液渗入到木材表面的组织中，经干燥后水分蒸发，阻燃剂便留在木材的浅表层内。这种方法由于浸入的阻燃剂不多，阻燃效果受到限制，但其方法简单，适用于阻燃效果要求不高、木材密度不大的薄材料。对于阻燃要求较高的木材可以先将其置于高压容器中，抽真空到 $7.9 \sim 8.6 kPa$，并保持 15min 至 1h，再注入含有阻燃剂的浸渍液并加压至 1.2MPa，在 $65\,^{\circ}\!C$ 的温度下保持 7h，然后放入烘窑进行干燥。常用的阻燃剂有 NH_4Cl、$(NH_4)_2SO_4$、$Na_2Cr_2O_7$、$(NH_4)_2HPO_4$、$NH_4H_2PO_4$、NaB_4O_7、H_3BO_3、$ZnCl_2$ 等。一般木材经处理后吸收阻燃剂干药量为 $20 \sim 80 kg/m^3$ 时可达阻燃要求。常用木材阻燃剂的配比见表 5-17。

表 5-17　常用木材阻燃剂的配比

阻燃剂 \ 配比 \ 序号	1	2	3	4	5	6	7	8	9
$(NH_4)_2SO_4$	80	80	60	—	—	10	—	—	35
$NH_4H_2PO_4$	20	20	—	—	—	—	$33 \sim 30$	46	—
$(NH_4)_2HPO_4$	—	—	10	—	—	—	—	—	—
H_3BO_3	—	—	20	40	—	10	—	—	25
$Na_2B_3O_7$	—	—	10	60	—	—	$67 \sim 70$	—	—
$ZnCl_2$	—	—	—	—	81.5	62	—	54	35
$NaCr_2O_4 \cdot 2H_2O$	—	—	—	—	18.5	15.5	—	—	5

在制造纤维板、木屑板时，添加一定量的阻燃剂，方法简单，阻燃效果好。例如，用木屑 100 份、聚磷酸铵 50 份、双季戊四醇 12 份、氢氧化铝 8 份、55%的甲醛-三聚氰胺-尿素共聚物 40 份，经热压后制得的木屑板，具有很好的阻燃特性。

（三）防火保护技术

防火涂料是涂覆于可燃性基材表面，能降低被涂材料表面的可燃性、阻滞火灾的迅速蔓延，或是涂覆于结构材料表面，用于提高构件耐火极限的一类物质。

防火涂料在基材表面，除具有阻燃作用外，还应具有防锈、防水、防腐、耐磨、耐热作用以及使涂层具有坚韧性、着色性、黏附性、易干性和一定的光泽等作用。

1. 钢结构防火涂料

钢结构具有高强、高韧、抗震、轻质、价廉等独特的优点，在建筑业中得到了广泛的应用，尤其是在超高层及大跨度建筑方面更显示出强大的生命力。钢材虽然属于不燃材料，但它极易导热，高温下会迅速受热失去强度而变形。大量惨重的钢结构火灾案例及研究结果表明，钢结构的耐火性能较其他结构差。钢材的力学强度是温度的函数，一般随温度的升高而降低，当温度升高到钢材的临界温度值（一般为 540℃）时，其屈服应力仅为常温的 40%，导致承载能力急剧下降。火场温度大多在 800~1200℃ 之间，在火灾发生的 15min 内，火场温度即可达到 700℃ 以上。裸露的钢构件只要十几分钟就因达到其耐火极限而丧失承载能力，钢结构不可避免地发生变形，导致建筑物一部分或全部垮塌毁坏。因此，对钢结构做防火保护极为必要。

钢结构防火保护的原理是采用隔热、耐火材料阻隔火焰直接灼烧钢结构，降低热量向基材迅速传递的速率，推迟钢结构温度升高和强度变弱的时间。其防火原理有三个：①涂层对钢基材起屏蔽作用，隔离了火焰，使钢构件不至于直接暴露在火焰和高温之中；②涂层吸热后部分物质分解出水蒸气或其他不燃气体，起到消耗热量、降低火焰温度和燃烧速率、稀释氧气的作用；③涂层本身多孔轻质或受热膨胀后形成炭化层，阻止了热量迅速向基材传递，推迟了钢基材受热、温度升到极限温度的时间，从而提高了钢结构的耐火极限。

钢结构防火涂料发展到现在，基本上已形成多品种、系列化。钢结构防火涂料可用不同的方法来进行分类：从所用的分散体来分类，可分为水溶性和溶剂性；从防火形式来分类，则可分为膨胀型和非膨胀型；从厚度来分类，有厚涂型、薄涂型和超薄型。目前使用的品种中厚涂型和薄涂型基本是水溶性的，超薄型有水溶性和溶剂性两类。薄涂型和超薄型基本上是膨胀型，厚涂型是非膨胀型。所以，从钢结构防火涂料的厚度来分类比较有代表性。目前，钢结构的防火保护措施很多，如涂装钢结构防火涂料、喷射无机纤维和粘贴柔性卷材等。在实际工程中应用最广泛且最经济有效的方法是涂装钢结构防火涂料。

2. 饰面型防火涂料

我国的饰面型防火涂料研究始于 20 世纪 60 年代后期，目前我国共有约 200 家防火涂料生产企业，其中饰面型防火涂料生产企业约占 1/3，生产的大多数为膨胀型防火涂料，根据分散介质类型的不同，饰面型防火涂料可分为溶剂性和水溶性两类，这两类涂料所采用的防火助剂基本相同。因此，他们的防火性能差不多，只是在涂料的理化性能以及耐火性能方面有所不同。就目前的技术情况而言，溶剂性防火涂料的理化性能优于水溶性防火涂料。但考虑到节约能源、安全和环境保护等因素，在实际应用中，水溶性防火涂料将是今后发展的主要方向。

溶剂性防火涂料是指以有机溶剂作为分散介质的一类防火涂料，成膜物质一般为高分子树脂，主要有酚醛树脂、过氯乙烯树脂、氯化橡胶、丙烯酸酯树脂、改性氨基树脂等，溶剂一般 200# 溶剂汽油、香蕉水、醋酸丁酯等。采用炭化剂、催化剂、发泡剂、阻燃剂及其他填料组成防火体系，遇火时即形成均匀而致密的蜂窝状炭质泡沫层，对可燃基材有良好的保护作用。透明防火涂料是近几年发展起来的一类新型溶剂性饰面防火涂料，主要用于高级木质装饰材料的防火保护，其装饰效果类似普通油漆，同时又能起到防火保护作用。

水溶性防火涂料是指以水作为分散介质的一类防火涂料，其成膜物质一般为合成高分子乳液，如丙烯酸酯乳液、氯乙烯-偏二氯乙烯共聚乳液（氯偏乳液）、氯丁乳液、醋酸乙烯酯乳液、苯乙烯-丙烯酸酯共聚乳液（苯丙乳液）等。此外也有采用无机盐类（如硅酸钠、硅酸钾、硅溶胶等）作为成膜物质的无机饰面型防火涂料和采用水溶性氨基树脂作为成膜物质的水溶性饰面型防火涂料。水溶性防火涂料的防火助剂与溶剂性的基本相同。

三、阻燃技术的进展趋势

随着我国阻燃法规的健全、加工设备的改进、研究力量的日益增强以及阻燃技术的发展，人们对阻燃剂的需求量越来越大。目前，阻燃剂在塑料助剂中已占第二位，而且对阻燃剂的各项性能要求越来越高。今后阻燃剂的发展大致有以下几种趋势：

（一）无卤化趋势

卤素阻燃剂因其用量少、阻燃效率高且适应性广，已发展成为阻燃剂市场的主流产品。但卤素阻燃剂的严重缺点是燃烧时生成大量的烟和有毒且腐蚀性的气体，可导致单纯由火所引起的电路系统开关和气体金属物件的腐蚀及对环境的污染；对人体呼吸道和气体器官也有极大危害，甚至因使人窒息而威胁生命安全。近几年，美国、英国、挪威、澳大利亚已制定或颁布法令，对某些进行燃烧毒性试验或对使用某些制品时所释放的酸性气体进行规定，开发无卤阻燃剂取代卤素阻燃剂已成为世界阻燃剂领域的趋势。无机阻燃剂[如 Al（OH）$_3$、Mg（OH）$_2$ 等]来源丰富、价格低廉，但其阻燃效果较差、添加量大、对制品的性能影响较大，因而国内外努力向超细化、微胶囊化、表面处理、协同增效复合化等方面进行技术开发。红磷阻燃效率高、用量少、使用面广，微胶囊化红磷克服了红磷吸潮、易着色、易爆炸等缺点。磷的稳定化处理——微胶囊化技术在阻燃领域深受重视，英国、日本开发研制的产品已商业化。膨胀型阻燃剂由于具有在燃烧过程中发烟量少、无有毒气体产生，被认为是实现无卤化很有希望的途径之一。

（二）抑烟化、减少有害气体趋势

据统计，火灾中发生的死亡事故 80% 是由于燃烧所释放的烟和有毒气体导致的窒息造成的。研究开发新型阻燃剂、降低材料燃烧时的发烟量及有毒气体量，成为今年来阻燃领域中的重点研究课题之一。目前采用的抑烟剂主要以金属氧化物、过渡金属氧化物为主，主要有硼酸锌、钼化合物（三氧化钼、钼酸铵）及其复配物、镁-锌复合物、二茂铁、氧化锡、氧化铜等。此外，某些无机填料[Al（OH）$_3$、Mg（OH）$_2$ 等]同时具有阻燃抑烟的功效，膨胀型阻燃剂的多孔炭层也具有阻燃和抑烟的双重作用。

（三）开发超细化技术

阻燃剂颗粒越细，对材料力学性能影响越小。许多厂家和研究所改进生产工艺，以获得细颗粒的无机阻燃剂，也进行颗粒形态和级配控制，以使材料获得较好的流动性，着力发展超细三氧化二锑和胶态五氧化二锑，以及调节氢氧化铝的粒径分配，以此增强阻燃效果。

（四）研究阻燃体系协同作用

常用的阻燃剂协同体系有锑-卤、磷-卤和磷-氮体系，实际应用的其实远不止这些。国外许多厂商将阻燃剂进行复配，以达到降低阻燃剂用量、提高阻燃剂性能的目的。这不仅可降低阻燃材料的价格，而且可使阻燃材料的机械性能损失减到最低程度，并且开发具有协同增效阻燃作用的阻燃剂，如磷、氮、溴在分子或分子间的结合。

（五）阻燃剂表面处理

用表面化学方法来处理无机阻燃剂，以增强阻燃剂与被阻燃树脂的亲和力，用偶联剂和其他助剂来改性。

（六）开发环保型阻燃剂

开发高效、无毒、对材料性能影响小的阻燃剂，如反应型阻燃剂的开发以及具有良好相容性的添加型阻燃剂的开发。

以阻燃剂作用于聚合物材料，虽然可以满足阻燃要求但也常常引发体系性能降低、环境效应等问题。因此，需要积极发展新型阻燃技术、将传统阻燃剂创新使用（如将阻燃剂复配寻求协同效应或将阻燃剂表面改性提高阻燃效率）、开发新型阻燃剂（特别是反应型阻燃剂）、发掘新型阻燃机理、革新聚合物配方设计、对聚合物改性等都是可行的发展方向。

【思考题】

1. 什么是阻燃剂？常见的阻燃剂有哪些？
2. 简述阻燃剂的阻燃作用。
3. 简述高聚物、木材的阻燃处理技术。

第六节　粉　尘　爆　炸

【学习目标】

1. 掌握可燃粉尘的概念和特性。
2. 掌握粉尘爆炸的过程、条件和危害。
3. 熟悉粉尘爆炸的影响因素、预防和控制。

粉尘是固体物质的微小颗粒，是一种极细微的粉末，其粒径一般小于 $100\mu m$。工厂在加工谷物、糖、麻、烟、硫、铝等过程中，由于粉碎、研磨、筛分、混合、抛光等操作都会产生大量粉尘，这些粉尘要比原来物质的火灾危险性大得多，在一定条件下能发生爆炸。例如，2010 年 2 月 24 日，河北秦皇岛骊骅淀粉股份有限公司淀粉车间发生粉尘爆炸，死亡 20 人，伤 48 人，直接财产损失 1773.5 万元；2012 年 8 月 5 日，浙江温州市郭溪镇一锁具厂在抛光作业中发生铝粉爆炸，死亡 13 人，并造成多栋建筑整体倒塌；2014 年 8 月 2 日，江苏昆山市中荣金属制品有限公司发生特别重大粉尘爆炸事故，共造成 75 人死亡，185 人受伤；2015 年 6 月 27 日，台湾新北市游乐园发生粉尘爆炸，共造成 12 人死亡，500 余人受伤。

一、可燃粉尘及其特性

（一）可燃粉尘

凡颗粒极微小，遇点火源能够发生燃烧或爆炸的固体物质，称为可燃粉尘。按照动力性能可分为悬浮粉尘和沉积粉尘，悬浮粉尘具有爆炸危险，沉积粉尘具有火灾危险。按照燃烧性能可分为易燃粉尘、可燃粉尘、难燃粉尘。易燃粉尘如糖粉、淀粉、可可粉、木粉、小麦粉、硫粉、茶粉、硬橡胶粉等；可燃粉尘如米粉、锯木屑、皮革屑、丝、虫胶粉等；难燃粉尘如碳黑粉、木炭粉、石墨粉、无烟煤粉等。按照其来源常分为金属粉尘、煤炭粉尘、轻纺原料产品粉尘、合成材料粉尘、粮食粉尘、农副产品粉尘、饲料粉尘、木材产品粉尘八类。各种常见可燃粉尘的爆炸特性见表 5-18。

表 5-18　各种常见可燃粉尘的爆炸特性

粉尘名称	悬浮粉尘的自燃点/℃	爆炸下限/（g/m³）	最大爆炸压力/×10⁵Pa	压力上升速率/×10⁵Pa/s		最小点火能量/mJ
				平均	最大	
镁	520	20	5.0	308	333	80
铝	645	35～40	6.2	151	399	20
镁铝合金	535	50	4.3	158	210	80
钛	460	45	3.1	53	77	120
硅	775	160	4.3	32	84	900
铁	316	120	2.5	16	30	100
钛铁合金	370	140	2.4	42	98	80
锰	450	210	1.8	14	21	120
锌	860	500	6.9	11	21	900
锑	416	420	1.4	6	55	—
煤	610	35～45	3.2	25	56	40
煤焦油沥青	580	80	3.8	25	45	80
硅铁合金	860	425	2.5	14	21	400
硫	190	35	2.9	49	137	15
玉米	470	45	5.0	74	151	40
牛奶粉	875	7.6	2.0	—	—	—
可可	420	45	4.3	30	84	100
咖啡	410	85	3.5	11	18	160
黄豆	560	35	4.6	56	172	100
花生壳	570	85	2.9	14	245	370
砂糖	410～525	19	3.9	113	352	30
小麦	380～470	9.7～60	4.1～6.6	—	—	50～160
木粉	225～430	12.6～25	7.7	—	—	20
软木	815	30～35	7.0	—	—	45
松香	440	55	5.7	133	525	—
硬脂酸铝	400	15	4.3	53	147	15
纸浆	480	60	4.2	36	102	80
棉绒屑	470	35	7.1	140	385	45
酚醛树脂	500	25	7.4	210	730	10
酚醛塑料制品	490	30	6.6	161	770	10
脲醛树脂	470	90	4.2	49	126	80
脲醛塑料制品	450	75	6.4	65	161	80
环氧树脂	540	20	6.0	140	420	15
聚乙烯树脂	410	30	6.0	112	385	10
聚氯乙烯树脂	660	63	—	—	—	8
聚丙烯树脂	420	20	5.3	105	350	30
聚醋酸乙烯树脂	550	40	4.8	35	70	160
聚乙烯醇树脂	520	35	5.3	91	217	120
聚苯乙烯制品	560	15	5.4	105	250	40
双酚 A	570	20	5.2	161	455	15
季戊四醇	450	30	6.3	119	665	10
氯乙烯丙烯腈共聚树脂	570	45	3.4	56	112	25

（二）可燃粉尘的特性

可燃粉尘是具有高分散度、很大比表面积、强吸附性和化学活性及较强动力稳定性的固—气非均相体系，其燃烧爆炸危险性大小与这些特性有关。

1. 具有高分散度

在一定粒径范围内，细小粉尘颗粒数占总粉尘颗粒数的百分数，称为粉尘在该粒径范围的分散度。

任何粉尘，不论用什么方法产生，都是由大大小小的粒子组成的。粉尘体系中，如果细小粒子含量越高，粉尘的分散度就越大。粉尘的分散度可用筛分法来测定，见表5-19。

表5-19 粉尘的分散度

粉尘名称	以下列粒度大小的尘粒数量（%）						
	到1μm	到2μm	1～5μm	2～5μm	5～10μm	10～50μm	50μm以上
干切糖时得到的糖粉尘	39.6	—	38.5	—	10.6	10.7	0.6
在距地面0.5m高的制备车间得到的棉花粉尘	—	8.9	—	22.4	12.8	38.7	17.2

从表5-19中可以看出，在1～50μm的粒径范围内，糖粉尘中细小粒子的含量比棉花粉尘的高，因此糖粉尘的分散度大于棉花粉尘。

粉尘的分散度不是固定的，它因条件的不同而异。不同物质在不同条件下产生的粉尘分散度不同；空气湿度越大，会使粒度很小的粉尘被吸附在水蒸气表面而降低分散度；在空间中不同高度处的粉尘分散度也不相同，通常地面附近的粉尘分散度最小，距地面越高，粉尘的分散度越大。

分散度大的可燃粉尘，比表面积大，化学活性强，能长时间悬浮在空气中，因而燃烧爆炸危险性大。

2. 具有很大的比表面积

粉尘的比表面积主要取决于粉尘的粒度。同一体积的物体，粒度越小，表面积就越大。表5-20列出了$1cm^3$的固体物质逐渐粉碎为小颗粒时，其表面积增加的情况。当然，实际中的粉尘粒子并非正方体，而是呈不规则的形状，粒子大小也不同，但粒度越小，表面积越大，比表面积也就越大。

表5-20 粒度与表面积的关系

正方体的边长/cm	颗粒数量	表面积/cm^2
1	1	6
0.1	10^3	60
0.01	10^6	600
0.001	10^9	6000
0.0001	10^{12}	60000

3. 具有很强的吸附性和化学活性

任何物质的表面都具有能把其他物质吸向自己的吸附作用。这是因为，对于物体内部的分子，四周都被具有相等吸引力的分子所包围而处于平衡状态，而表面分子只是在它的旁边和内侧受到具有相同吸引力的分子的吸引，有一部分吸引力没有得到满足，这种不饱和力称为剩余力。剩余力是造成表面吸附作用的主要原因。

可燃粉尘有很大的比表面积，必然具有很强的吸附作用，可大量吸附空气中的氧气与之接触并反应，化学活性大大增强，反应速率增快，燃烧爆炸的危险性增大。例如很多金属，像 Al、Mg、Zn 等在块状时一般不能燃烧，而呈粉尘状时，不仅能燃烧，若悬浮于空气中达到一定浓度时，还能发生爆炸。

4．具有较低的自燃点

就同一种可燃粉尘而言，粒度越小，化学活性越强，自燃点越低。而且，沉积粉尘的自燃点比悬浮粉尘的自燃点低（表 5-21）。这是由于悬浮粉尘粒子间距比沉积粉尘粒子间距大，因而在氧化过程中热损失增加，导致悬浮粉尘的自燃点高于沉积粉尘的自燃点。

表 5-21　常见可燃粉尘的自燃点

粉尘名称	自燃点/℃		粉尘平均粒径/μm
	沉积粉尘/5mm 厚	悬浮粉尘	
铝粉（含油）	230	400	10～20
镁粉	340	470	5～10
锌粉	430	530	10～15
米粉	270	410	50～100
小麦谷物粉	290	420	15～30
可可子粉（脱脂品）	245	460	30～40
烟草纤维	290	485	50～100
木质纤维	250	445	40～80
烟煤粉	235	595	5～10
炭黑	535	690	10～20

5．具有较强的动力稳定性

粉尘始终保持分散状态而不向下沉积的特性称为动力稳定性。

粉尘悬浮在空气中同时受到两种作用，即重力作用与扩散作用。重力作用使粉尘不断沉降，而扩散作用会使粉尘有向空间中均匀分布的趋势。粒度较大的粉尘因扩散速率较慢，不足以抗衡重力的作用，而产生了沉积，粒度越大，沉积速率越快。而对于粒度较小的粉尘，在受重力作用下降的同时，扩散作用使之向空间中分布均匀，这样，粉尘浓度就随高度有一定的分布，在高处要比低处小。当粉尘粒度小到一定程度以后，扩散作用与重力作用平衡，粉尘就不会沉降了。粒度大小是粉尘动力稳定性的决定性因素，分散度越大，粒度越小，动力稳定性越强。

二、粉尘爆炸及危害

（一）粉尘爆炸的条件

粉尘爆炸与一般物质的燃烧一样，应具备三个基本条件，即可燃性、氧化剂和点火源。除此之外，要产生具有一定危害的粉尘爆炸，还应具备两个条件，即粉尘的悬浮扩散与有限空间。将粉尘的五个基本条件称为爆炸五角形，如图 5-1 所示。

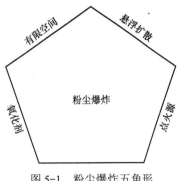

图 5-1　粉尘爆炸五角形

1. 粉尘本身要具有可燃性

在一般条件下，并非所有的可燃粉尘都能发生爆炸。金属粉尘能在燃烧过程中因急剧反应并放出巨大热量，使空气迅速升温膨胀，因此具有爆炸性。而非金属可燃粉尘在空气中发生爆炸时，只能燃尽由粉尘分解出的可燃气体，所含的碳渣却来不及燃尽，这是和可燃气体（蒸气）在空气中燃烧爆炸的不同之处。因此，非金属可燃粉尘是否能释放出可燃气体是决定其爆炸性的关键。像无烟煤、焦炭、石墨、木炭、碳黑等粉尘基本不含挥发分，故发生爆炸的可能性较小。

2. 氧化剂

大多数粉尘需要氧气、空气或其他氧化剂作助燃剂。对于一些自供氧的粉尘如 TNT 粉尘可以不需要外来的助燃剂。

3. 有足够的点火能量

可燃粉尘发生燃烧爆炸，往往首先需要被加热，或熔融蒸发，或受热分解，放出可燃气体，其过程比气体燃烧复杂，着火感应期也更长，可达数十秒。因此，可燃粉尘爆炸需要较多的能量，其最小点燃能量一般为 $10\sim100$mJ，比可燃气体的最小点火能量大 $10^2\sim10^3$ 倍。

4. 粉尘为悬浮粉尘，且达到爆炸浓度极限

沉积的可燃粉尘是不会爆炸的，只有悬浮在空气中的可燃粉尘才可能发生爆炸。能够发生爆炸的悬浮粉尘同可燃气体（蒸气）一样，浓度必须处于一定的范围内才能发生爆炸，即有一个爆炸浓度下限和一个爆炸浓度上限，单位用 g/m^3 表示。

可燃粉尘的爆炸浓度下限，一般在设备中或接近它的发源处才能够形成，但也不排除在生产厂房内形成的可能性。至于爆炸浓度上限，因为数值太大，以至于在大多数场合都不会达到，所以没有多大实际意义。例如，糖粉的爆炸上限为 $13500g/m^3$，这在一般条件下是很难达到的，只有沉积粉尘受冲击波的作用才能形成如此高的悬浮粉尘浓度。所以，可燃粉尘的爆炸极限通常只给出爆炸浓度下限。

5. 有限空间

粉尘在封闭的设备或建筑物内悬浮，一旦被点火源引燃，有限空间内的温度和压力迅速升高而引起爆炸。但是，有些粉尘即使在开放的空间内也能引起爆炸，这类粉尘由于化学反应速率极快，其化学反应引起压力升高的速率远大于粉尘云边缘压力释放的速率，因此仍然能引起破坏性的爆炸。

（二）粉尘爆炸的过程

粉尘爆炸有两种机理，一种机理是粉尘受热后释放可燃气体发生燃烧和爆炸，称为 I 型粉尘爆炸；另一种机理是粉尘粒子接受火源的热量后直接与氧化剂发生剧烈的氧化反应，称为 II 型粉尘爆炸。

对于Ⅰ型粉尘爆炸的表现形式与气体爆炸相似，但与气体爆炸时燃气分子直接参与反应不同。可燃粉尘发生反应前，需要经历一定的物理、化学变化，爆炸过程相对复杂，一般说来，Ⅰ型粉尘爆炸包括如下几个步骤，如图5-2所示。

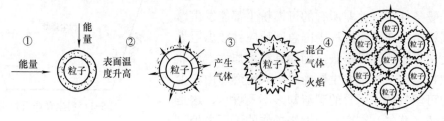

图5-2 粉尘爆炸过程示意图

（1）悬浮粉尘在热源作用下温度迅速升高。

（2）粉尘粒子表面的分子在热作用下发生热分解或者干馏，在粒子周围产生可燃气体。

（3）粒子周围产生的可燃气体被点燃，形成局部小火焰。

（4）粉尘燃烧放出热量，以热传导和火焰辐射方式传给附近原来悬浮着的或被吹扬起来的粉尘，这些粉尘受热汽化后使燃烧循环持续进行下去，随着每个循环的逐次加快进行，其反应速率也逐渐增大，通过激烈的燃烧，最后形成爆炸。

从粉尘爆炸的过程来看，Ⅰ型粉尘爆炸从本质上讲也是一种气体爆炸。

对于Ⅱ型粉尘爆炸，在爆炸过程中不释放可燃气体，粉尘粒子受热后直接与空气中的氧气发生氧化反应，产生的反应热使火焰传播。在火焰传播过程中，反应热使周围的粉尘和空气加热迅速膨胀，从而导致粉尘爆炸。例如，金属粉尘爆炸，由于不能像其他可燃粉尘一样能够发生分解或汽化，金属粉尘爆炸主要是由于大量燃烧热迅速加热了周围环境的气体而形成的。

（三）粉尘爆炸的危害

与可燃气体爆炸相比，引起粉尘爆炸的条件要相对困难一些，但一旦发生粉尘爆炸，则危害往往更为严重。

1. 高压作用时间长，破坏力强

与可燃气体爆炸相比，可燃粉尘爆炸时的燃烧速率和产生的最大爆炸压力都要略小一些，但因粉尘密度比气体大，且燃烧时间长，爆炸压力上升速率和下降速率都较慢，所以压力与时间的乘积（即爆炸释放的能量）较大，加上粉尘粒子边燃烧边飞散，爆炸的破坏性和对周围可燃物的烧损程度也更为严重。粉尘爆炸所产生的能量以最大值进行比较，是气体爆炸的数倍，温度可上升至$2000\sim3000\,^{\circ}\mathrm{C}$。

2. 产生二次爆炸，危害巨大

可燃粉尘初始爆炸产生的气浪会使沉积粉尘扬起，在新的空间内达到爆炸浓度而产生二次爆炸。另外，在粉尘初始爆炸地点，空气和燃烧产物受热膨胀，密度变小，经过极短的时间后形成负压区，新鲜空气向爆炸点逆流，促使空气的二次冲击，若该爆炸地点仍存在粉尘和火源，也有可能发生二次爆炸、多次爆炸。二次爆炸往往比初次爆炸压力更大，破坏更严重。

3. 燃烧不充分，产物毒性大

可燃粉尘爆炸由于时间短，粉尘粒子不可能完全燃烧，有些沉积粉尘还有阴燃现象。因

此粉尘爆炸后，在爆炸产物中含有大量的 CO 及分解产生的 HCl、HCN 等，产物毒性比较大，易使人员中毒。

三、粉尘爆炸的主要影响因素

各种因素对粉尘爆炸的影响主要体现在对爆炸特性参数的影响上，在分析和解决实际的粉尘爆炸问题时，要考虑如下几个主要方面的影响因素。

（一）粒度

粒度是可燃粉尘爆炸的重要影响因素。粒度越小，分散度越大，表面积越大，化学活性越强，在空气中悬浮的时间也更长，氧化反应速率也就越快。因此，就越容易发生爆炸，其最小点火能量和爆炸浓度下限更低，爆炸浓度范围扩大，最大爆炸压力及上升速率也越大，爆炸危险性和破坏性增加。

如果粉尘的粒度过大，它就会因此失去爆炸性。如粒径大于 400μm 的聚乙烯、面粉及甲基纤维素等粉尘不能发生爆炸；而多数煤粉尘粒径小于 100μm 时才具有爆炸能力。

可燃粉尘的粒度与点燃能量的关系，如图 5-3 所示。

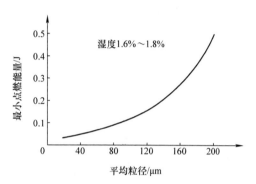

图 5-3　粒度与点燃能量的关系

粉尘粒度与最大爆炸压力的关系，见表 5-22 和表 5-23。

表 5-22　粉尘粒度与爆炸压力的关系

粉尘	压力/×10⁵Pa					
	20μm	25μm	30μm	40μm	50μm	60μm
木材	1.266	—	1.25	—	1.07	0.70
马铃薯淀粉	1.0	—	0.96	—	0.88	0.76
石炭	—	—	0.86	—	0.71	0.27
小麦粉	—	1.03	—	0.96	—	0.66

表 5-23　不同粒度铝粉的爆炸压力

铝粉粒径/μm	浓度/（g/m³）	压力/kPa
0.3	70	1074
0.6	70	871.4
1.3	70	780.2

（二）燃烧热

燃烧热高的可燃粉尘，其爆炸浓度下限低，一旦发生爆炸即呈高温高压，爆炸威力大，如图 5-4 所示。

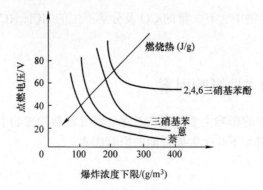

图 5-4　粉尘爆炸浓度下限值与燃烧热的关系

（三）挥发组分

粉尘含可燃挥发组分越多，热解温度越低，爆炸危险性和爆炸产生的压力越大。一般认为，煤尘可燃挥发组分小于10%的，基本上没有爆炸危险性。

（四）灰分和水分

可燃粉尘中的灰分（即不燃物质）和水分的增加，其爆炸危险性便降低。因为，它们一方面能较多地吸收体系的热量，从而减弱粉尘的爆炸性能；另一方面灰分和水分会增加粉尘的密度，加快其沉降速率，使悬浮粉尘浓度降低。实验表明，煤尘中含灰分达 30%～40% 时不爆炸。目前煤矿所采用的岩粉棚和布撒岩粉，就是利用灰分能削弱煤尘爆炸这一原理来制止煤尘爆炸的。

（五）氧含量

氧含量是粉尘爆炸敏感的因素，随着空气中氧含量的增加，爆炸浓度范围也扩大。在纯氧中，粉尘的爆炸浓度下限下降到只有空气中的 1/3～1/4，而能够发生爆炸的最大颗粒尺寸则可增大到空气中相应值的 5 倍，如图 5-5 所示。

粉尘爆炸压力随空气中氧含量的增加而增加，如图 5-6 所示。

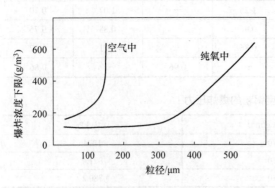

图 5-5　粉尘爆炸浓度下限与粒径及氧含量的关系

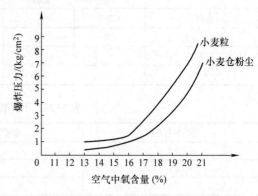

图 5-6　氧含量和粉尘爆炸压力的关系

（六）空气湿度

空气湿度增加，粉尘爆炸危险性减小。因为湿度增大，有利于消除粉尘静电和加速粉尘的凝聚沉降。同时水分的蒸发消耗了体系的热能，稀释了空气中的氧含量，降低了粉尘的燃烧反应速率，使粉尘不易爆炸，如图 5-7 所示。

（七）可燃气体含量

当粉尘与可燃气体共存时，粉尘爆炸浓度下限相应下降，且最小点燃能量也有一定程度的降低。即可燃气体的出现，大大增加了粉尘的爆炸危险性。图 5-8 表示出了甲烷含量对煤尘爆炸浓度下限的影响。从图中可见，煤尘的爆炸浓度下限随甲烷含量的增加而直线下降。

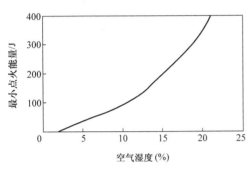

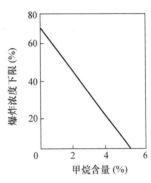

图 5-7　空气湿度对粉尘爆炸的点火能量的影响　　　图 5-8　甲烷含量对煤尘爆炸浓度下限的影响

（八）温度和压强

当温度升高或压强增加时，粉尘爆炸浓度范围会扩大，所需点燃能量下降，所以危险性增大。

（九）点火源强度和最小点燃能量

点火源的温度越高、强度越大，与粉尘混合物接触时间越长，爆炸范围就变得更宽，爆炸危险性也就更大。

每一种可燃粉尘在一定条件下，都有一个最小点燃能量。若低于此能量，粉尘与空气形成的混合物就不能起爆。粉尘的最小点燃能量越小，其爆炸危险性就越大。

四、粉尘爆炸的预防与控制

2014 年 8 月 2 日，江苏昆山市中荣金属制品有限公司发生特别重大粉尘爆炸事故，共造成 75 人死亡，185 人受伤。经事故调查认定，发生爆炸的原因是由于事故车间除尘系统较长时间未按规定清理，铝粉尘聚集。除尘系统风机开启后，打磨过程产生的高温颗粒在上方形成粉尘云，同时集尘桶锈蚀破损，桶内铝粉受潮，发生氧化放热反应，达到粉尘云的引燃温度后引发爆炸。因未设置泄爆装置，爆炸产生的高温气体和燃烧物经各吸尘口喷出，导致车间人员直接受到爆炸冲击，造成群死群伤。因此，采取预防和控制粉尘爆炸的措施对降低事故发生概率，减少人员、财产损失具有十分重要的意义。

与可燃气体爆炸比较，粉尘的着火感应期较长，爆炸压力和升压速率小。预防和控制可燃气体爆炸的基本方法也适用于防止可燃粉尘爆炸。这些方法包括严格控制或消除火源，防止可燃粉尘和空气形成爆炸性混合物，消除粉尘源，采用惰性气体保护，抑制爆炸，防爆泄压等。

（一）粉尘爆炸的预防

掌握了粉尘爆炸的危害及影响因素，在消防工作中就可采取相应的预防措施。根据实践，通常可采取的措施有：

1. 控制粉尘在空气中的浓度

应采用密闭性能良好的设备，尽量减少粉尘飞散逸出；要安装有效的通风除尘设备，加强清扫工作，及时清除电机、灯具、墙壁上和地沟中的粉尘。

2. 控制室内湿度

粉尘爆炸通常发生在室内或容器内，如果设法使室内或容器中的相对湿度提高到65%以上，将可减少粉尘飞扬，消除静电，避免爆炸。

3. 改善设备、控制火源

凡是粉尘爆炸危险场所属于 G-1 级，应采用防爆电机、防爆电灯、防爆开关等防爆电器设备；不许进行明火作业，不准吸烟，不准穿带钉子的鞋。要注意防止金属物件或砂石混进机器内撞击摩擦而产生火花；每台机器都必须接地，以防静电。

4. 控制温度和含氧浓度

要对机器设备经常测温，防止摩擦发热。凡有粉尘沉积的容器，要有降温措施；必要时还可充入惰性气体（如 N_2），以冲淡氧气的含量。

5. 防止二次爆炸的发生

在扑救粉尘火灾中，应注意不要使沉积粉尘飞扬起来，不宜用 CO_2 之类带有冲击力的灭火剂灭火，最好采用喷雾水流，以防发生二次爆炸。

（二）粉尘爆炸的控制

对可能发生粉尘爆炸的场所和设施，常用的控制方式有三种：

1. 增强装置的强度

这种方法只适用于比较小的装置，通过提高装置自身的强度，使之能承受住最大爆炸压力的破坏，并且要考虑防止爆炸火焰通过连接处向外传播。

2. 设置爆炸泄压

这是较为方便和经济的方法，是首先可选择的方案。在设备或厂房的适当部位设置泄压装置，借此可以向外排放爆炸初期的压力、火焰、粉尘和产物，从而降低爆炸压力，减小爆炸损失，如图5-9所示。

采用防爆泄压技术，必须注意考虑粉尘爆炸的最大压力和最大升压速率，此外还应考虑设备或厂房的容积和结构，以及泄压面的材质、强度、形状及结构等。用作泄压面的设施有爆破板、旁门、合页窗等；用作泄压面的材料有金属箔、防水纸、防水布或塑料板、橡胶、石棉板、石膏板等。而最重要的问题是防爆泄压面积大小的确定。

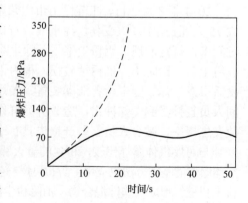

图5-9 防爆泄压原理图

目前确定泄压面积的方法有多种，但无论采用哪种方法，泄压面积都应适当加大，因为泄压面材料本身的爆破可能干扰粉尘爆炸，并使爆炸的剧烈程度增加。

通常采用的确定泄压面积或泄压比的方法有：

（1）以最大爆炸压力确定泄压比。

（2）以设备或建筑物体积为主确定泄压比，具体结果见表 5-24。

表 5-24　设备与建筑物的泄压比

设备与建筑物种类	泄压比/（m^2/m^3）
28.32m^3 以下轻量结构的机械与炉灶	0.33～0.11
28.32m^3 以下可承受强压的机械与炉灶	0.11
28.32～707.92m^3 的房间、建筑物、储槽、容器等（该种情况必须考虑爆炸点与泄压孔的相对位置以及可能发生爆炸的体积）	0.11～0.07
707.92m^3 以上的房间、危险装置仅占建筑物的小部分 ① 钢筋混凝土壁 ② 轻量混凝土、砖瓦或木结构 ③ 简易板压结构	 0.04 0.05～0.04 0.07～0.05
707.92m^3 以上的大房间，危险装置占其大部分者	0.33～0.07

（3）以升压速率为主确定泄压面积。用这种方法进行泄压设计时要考虑爆炸强度、泄压后的爆炸压力（即泄压后设备内所能达到的最大爆炸压力）、停止动作压力（即爆破板破裂时的静止工作压力）。

3．抑制爆炸

这种方法主要应用于有毒粉尘或不能开泄压口的装置。粉尘爆炸抑制装置能在粉尘爆炸初期迅速喷洒灭火剂，将火焰熄灭，遏止爆炸发展。它由爆炸探测机构和灭火剂喷洒机构组成，前者必须反应迅速、动作准确，以便快速探测爆炸的前兆并发出信号；后者接受前者发出的并经过扩大的信号后，立即启动，喷洒灭火剂。

粉尘爆炸抑制装置的结构及其作用效果如图 5-10 所示。

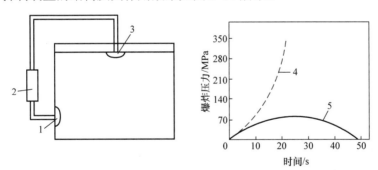

图 5-10　粉尘爆炸抑制装置的结构及其作用效果

1—压力传感器　2—扩大器　3—抑制器　4—正常爆炸压力曲线　5—抑制后爆炸压力曲线

【思考题】

1．什么是可燃粉尘？可燃粉尘如何分类？

3．简述可燃粉尘的特性。

4．简述粉尘爆炸的条件及影响因素。

5．简述粉尘爆炸的危害及预防措施。

附　　录

附录 A　火灾分类（GB/T 4968—2008）

1．范围

本标准根据可燃物的类型和燃烧特性将火灾定义为六个不同的类别。

本标准适用于选用灭火器灭火等灭火和防火领域。

2．火灾分类的命名及其定义

下列命名是为了划分不同性质的火灾，并依此简化口头和书面表述。

A 类火灾：固体物质火灾。这种物质通常具有有机物性质，一般在燃烧时能产生灼热的余烬。

B 类火灾：液体或可熔化的固体物质火灾。

C 类火灾：气体火灾。

D 类火灾：金属火灾。

E 类火灾：带电火灾。物体带电燃烧的火灾。

F 类火灾：烹饪器具内的烹饪物（如动植物油脂）火灾。

附录 B　消防词汇　第 1 部分：通用术语（GB/T 5907.1—2014）

1　范围

GB/T 5907 的本部分界定了与消防有关的通用术语和定义。

本部分适用于消防管理、消防标准化、消防安全工程、消防科学研究、教学、咨询、出版及其他有关的工作领域。

2　术语和定义

2.1 消防　fire protection；fire

火灾预防（2.16）和灭火救援（2.60）等的统称。

2.2 火　fire

以释放热量并伴有烟或火焰或两者兼有为特征的燃烧（2.21）现象。

2.3 火灾　fire

在时间或空间上失去控制的燃烧（2.21）。

2.4 放火　arson

人蓄意制造火灾（2.3）的行为。

2.5 火灾参数　fire parameter

表示火灾（2.3）特性的物理量。

2.6 火灾分类　fire classification

根据可燃物（2.49）的类型和燃烧（2.21）特性，按标准化的方法对火灾（2.3）进行的分类。

注：GB/T 4968 规定了具体的火灾分类。

2.7 火灾荷载　fire load

某一空间内所有物质（包括装修、装饰材料）的燃烧（2.21）总热值。

2.8 火灾机理　fire mechanism

火灾（2.3）现象的物理和化学规律。

2.9 火灾科学　fire science

研究火灾（2.3）机理、规律、特点、现象和过程等的学科。

2.10 火灾试验　fire test

为了解和探求火灾（2.3）的机理、规律、特点、现象、影响和过程等而开展的科学试验。

2.11 火灾危害　fire hazard

火灾（2.3）所造成的不良后果。

2.12 火灾危险　fire danger

火灾危害（2.11）和火灾风险的统称。

2.13 火灾现象　fire phenomenon

火灾（2.3）在时间和空间上的表现。

2.14 火灾研究　fire research

针对火灾（2.3）机理、规律、特点、现象和过程等的探求。

2.15 火灾隐患　fir potential

可能导致火灾（2.3）发生或火灾危害增大的各类潜在不安全因素。

2.16 火灾预防　fire prevention

防火

采取措施防止火灾（2.3）发生或限制的活动和过程。

2.17 飞火　flying fire

在空中运动着的火星或火团。

2.18 自热　self-heating

材料自行发生温度升高的放热反应。

2.19 热解　pyrolysis

物质由于温度升高而发生无氧化作用的不可逆化学分解。

2.20 热辐射　thermal radiation

以电磁波形式传递的热能。

2.21 燃烧　combustion

可燃物（2.49）与氧化剂作用发生的放热反应，通常伴有火焰（2.41）、发光和（或）烟气（2.26）的现象。

消防燃烧学

2.22 无焰燃烧　flameless combustion
物质处于固体状态而没有火焰（2.41）的燃烧（2.21）。

2.23 有焰燃烧　flaming
气相燃烧（2.21），并伴有发光现象。

2.24 燃烧产物　product of combustion
由燃烧（2.21）或热解（2.19）作用而产生的全部物质。

2.25 燃烧性能　burning behaviour
在规定条件下，材料或物质的对火反应（2.42）特性和耐火性能（2.51）。

2.26 烟[气]　smoke
物质高温分解或燃烧（2.21）时产生的固体和液体微粒、气体，连同夹带和混入的部分空气形成的气流。

2.27 自燃　spontaneous ignition
可燃物（2.49）在没有外部火源的作用时，因受热或自身发热并蓄热所产生的燃烧（2.21）。

2.28 阴燃　smouldering
物质无可见光的缓慢燃烧（2.21），通常产生烟气（2.26）和温度升高的现象。

2.29 闪燃　flash
可燃性（2.54）液体挥发的蒸气与空气混合达到一定浓度或者可燃性（2.54）固体加热到一定温度后，遇明火发生一闪即灭的燃烧（2.21）。

2.30 轰燃　flashover
某一空间内，所有可燃物（2.49）的表面全部卷入燃烧（2.21）的瞬变过程。

2.31 复燃　rekindle
燃烧（2.21）火焰（2.41）熄灭后再度发生有焰燃烧（2.23）的现象。

2.32 闪点　flash point
在规定的试验条件下，可燃性（2.54）液体或固体表面产生的蒸气在试验火焰（2.41）作用下发生闪燃（2.39）的最低温度。

2.33 燃点　fire point
在规定的试验条件下，物质在外部引火源（2.43）作用下表面起火（2.45）并持续燃烧（2.21）一定时间所需的最低温度。

2.34 燃烧热　heat of combustion
在25℃、101kPa时，1mol可燃物（2.49）完全燃烧（2.21）生成稳定的化合物时所放出的热量。

2.35 爆轰　detonation
以冲击波为特征，传播速率大于未反应物质中声速的化学反应。

2.36 爆裂　bursting
物体内部或外部过压使其急剧破裂的现象。

2.37 爆燃　deflagration
以亚音速传播的燃烧（2.21）波。
注：若在气体介质内，爆燃则与火焰（2.41）相同。

2.38 爆炸　explosion

在周围介质中瞬间形成高压的化学反应或状态变化，通常伴有强烈放热、发光和声响。

2.39 抑爆　explosion suppression

自动探测爆炸（2.38）的发生，通过物理化学作用扑灭火焰（2.41），抑制爆炸（2.38）发展的技术。

2.40 惰化　inert

对环境维持燃烧（2.21）或爆炸（2.38）能力的抑制。

注：例如把惰性气体注入封闭空间或有限空间，排斥里面的氧气，防止发生火灾（2.3）。

2.41 火焰　flame

发光的气相燃烧（2.21）区域

2.42 对火反应　reaction to fire

在规定的试验条件下，材料或制品遇火（2.2）所产生的反应。

2.43 引火源　ignition source

点火源

使物质开始燃烧（2.21）的外部热源（能量）。

2.44 引燃　ignition

点燃

开始燃烧（2.21）。

2.45 起火　ignite（vi）

着火。

注：与是否由外部热源引发无关。

2.46 炭　char（n）

物质在热解（2.19）或不完全燃烧（2.21）过程中形成的含碳残余物。

2.47 炭化　char（v）

物质在热解（2.19）或不完全燃烧（2.21）时生成炭（2.46）的过程。

2.48 炭化长度　char length

在规定的试验条件下，材料在特定方向上发生炭化（2.47）的最大长度。

2.49 可燃物　combustible（n）

可以燃烧（2.21）的物品。

2.50 自燃物　pyrophoric material

与空气接触即能自行燃烧（2.21）的物质。

2.51 耐火性能　fire resistance

建筑构件、配件或结构在一定时间内满足标准耐火试验的稳定性、完整性和（或）隔热性的能力。

2.52 阻燃处理　fire retardant treatment

用以提高材料阻燃性（2.56）的工艺过程。

2.53 易燃性　flammability

在规定的试验条件下，材料发生持续有焰燃烧（2.23）的能力。

2.54 可燃性　combustibility

在规定的试验条件下，材料能够被引燃（2.44）且能持续燃烧（2.21）的特性。

2.55 难燃性　difficult flammability

在规定的试验条件下，材料难以进行有焰燃烧（2.23）的特性。

2.56 阻燃性　flame retardance

材料延迟被引燃或材料抑制、减缓或终止火焰传播的特性。

2.57 自熄性　self-extinguishing ability

在规定的试验条件下，材料在移去引火源（2.43）后终止燃烧（2.21）的特性。

2.58 灭火　fire fighting

扑灭或抑制火灾（2.3）的活动和过程。

2.59 灭火技术　fire fighting technology

为扑灭火灾（2.3）所采用的科学方法、材料、装备、设施等的统称。

2.60 灭火救援　fire fighting and rescue

灭火（2.58）和在火灾（2.3）现场实施以抢救人员生命为主的救援活动。

2.61 灭火时间　fire-extinguishing time

在规定的条件下，从灭火装置施放灭火剂（2.68）开始到火焰（2.41）完全熄灭所经历的时间。

2.62 消防安全标志　fire safety sign

由表示特定消防安全信息的图形符号、安全色、几何形状（或边框）等构成，必要时辅以文字或方向指示的安全标志。

注：GB 13495 规定了具体的消防安全标志。

2.63 消防设施　fire facility

专门用于火灾预防（2.16）、火灾报警、灭火（2.58）以及发生火灾时用于人员疏散的火灾自动报警系统、自动灭火系统、消火栓系统、防烟排烟系统以及应急广播和应急照明、防火分隔设施、安全疏散设施等固定消防系统和设备。

2.64 消防产品　fire product

专门用于火灾预防（2.16）、灭火救援（2.60）和火灾（2.3）防护、避难、逃生的产品。

2.65 固定灭火系统　fixed extinguishing system

固定安装于建筑物、构筑物或设施等，由灭火剂（2.68）供应源、管路、喷放器件和控制装置等组成的灭火系统。

2.66 局部应用灭火系统　local application extinguishing system

向保护对象以设计喷射率直接喷射灭火剂（2.68），并持续一定时间的灭火系统。

2.67 全淹没灭火系统　total flooding extinguishing system

将灭火剂（2.68）（气体、高倍泡沫等）以一定浓度（强度）充满被保护封闭空间而达到灭火目的的固定灭火系统（2.65）。

2.68 灭火剂　extinguishing agent

能够有效地破坏燃烧（2.21）条件，终止燃烧（2.21）的物质。

附录C 物质防火防爆安全参数

名称	爆炸危险度 H[①]	最大爆炸压力/$\times10^5$Pa	爆炸极限（体积%）		闪点/℃	自燃点/℃
			下限 x_1	上限 x_2		
氢[②]	17.3	7.4	4.1	75	气态	500～571
一氧化碳	4.9	7.3	12.5	74.2	气态	605
二硫化碳	49.0	7.8	1.0	50.0	−30	102
硫化氢	10.5	5.0	4.0	46.0	气态	260
呋喃	5.2	—	2.3	14.3	−35	390
噻吩	7.3	—	1.5	12.5	−1	395
吡啶	5.9	—	1.8	12.4	20	482
尼古丁	4.7	—	0.8	4.0	—	244
萘	5.5	—	0.9	5.9	78.9	526
顺萘	6.0	—	0.7	4.9	61	260
四乙基铅	—	—	1.8	—	93.3	127
煤气	7.9	7.0	4.5	40.0	气态	648.9
汽油	4.8	8.5	1.3	7.6	−58～10	250～530
煤油	6.1	8.0	0.7	5.0	≥30	210
航空汽油	4.4	8.0	1.4	7.6	−37～−42	439～471
柴油	9.8	7.5	0.6	6.5	—	—
甲烷	2.0	7.2	5.0	15.0	−218	537
乙烷	3.2	—	3.0	12.5	−135	472
丙烷	3.5	8.6	2.1	9.5	−104	450
丁烷	3.5	8.6	1.9	8.5	−60	287
戊烷	4.2	8.7	1.5	7.8	−48	260
己烷	5.8	8.7	1.1	7.5	−21.7	225
庚烷	5.4	8.6	1.1	6.7	46	210
辛烷	5.5	—	1.0	6.5	12	210
壬烷	2.6	—	0.8	2.9	31	205
癸烷	5.8	7.5	0.8	5.4	46	210
硝基甲烷	7.9	—	7.1	63.0	35	418
氯甲烷	1.1	—	8.1	17.4	−46	632
二氯甲烷	0.6	5.0	14	22	−4	556
氯乙烷	3.1	—	3.6	14.8	−50	519
1,1-二氯乙烷	1.0	—	5.6	11.4	−17	458
正氯基丁烷	4.3	8.8	1.9	10.1	−9	460
2-甲基戊烷	6.0	—	1.0	7.0	−32	264
2,2-二甲基戊烷	7.3	—	1.0	8.3	−9.44	337
环丙烷	3.3	—	2.4	10.3	−94	500
环丁烷	4.6	—	1.8	10	10	—
环己烷	5.5	8.6	1.3	8.4	−18	245

（续）

名称	爆炸危险度 $H^{①}$	最大爆炸压力/$\times 10^5$Pa	爆炸极限（体积%）		闪点/℃	自燃点/℃
			下限 x_1	上限 x_2		
环氧乙烷	32.3	9.9	3.0	100.0	−29	429
乙烯	12.3	8.9	2.7	36.0	−135	450
丙烯	3.3	8.6	2.4	10.3	−108	460
丁烯	5.3	—	1.6	10.0	−80	385
戊烯	5.2	—	1.4	8.7	−28	275
1，3-丁二烯	13.8	7.0	1.1	16.3	−76	415
苯乙烯	6.6	6.6	0.9	6.8	31	490
2-氯丙烯	2.6	—	4.5	16.0	−34	—
顺-2-丁烯	4.3	—	1.7	9.0	−73	324
乙炔	31.8	103	2.5	82.0	−17.7	305
丙炔	5.9	—	1.7	11.7	<−30	340.15
1-丁炔	5.0	—	1.1	6.6	<−6.7	—
苯	5.7	9.0	1.2	8.0	−11	560
甲苯	5.5	6.8	1.1	7.1	4	480
乙苯	5.7	—	1.0	6.7	12.8	432
异丙苯	6.2	—	0.9	6.5	31	424
丁基苯	6.3	—	0.8	5.8	60	410
1，3-二甲苯	5.4	7.8	1.1	7.0	25	527
均三甲苯	5.4	—	1.0	6.0	44	550
联苯	8.7	—	0.6	5.8	113	540
甲醇	5.1	7.4	6.0	36.5	12.2	464
乙醇	4.8	7.5	3.3	19.0	17	363
正丙醇	5.4	—	2.1	13.5	15	371
丁醇	7.1	7.5	1.4	11.3	29	360
异戊醇	6.5	—	1.2	9.0	43	347
乙二醇	3.8	—	3.2	15.3	111	398
氯乙醇	2.2	—	4.9	15.9	60	425
异戊醇	6.5	—	1.2	9.0	43	347
甲醛溶液	9.4	—	7.0	73.0	50	300
乙醛	13.3	7.3	4.0	57.0	−39	175
丙醛	5.5	—	2.6	17.0	−30	207
丁醛	5.6	6.6	1.9	12.5	−22	218.3
苯甲醛	5.1	—	1.4	8.5	63	192
2-丁烯醛	6.4	—	2.1	15.5	13	232
糠醛	8.2	—	2.1	19.3	60	315
甲酸甲酯	2.4	—	5.9	20.0	−19	449
甲酸乙酯	5.1	—	2.7	16.5	−20	455
甲酸丁酯	3.7	—	1.7	8.0	17.7	322.5
甲酸异戊酯	5.7	—	1.2	8.0	30	—
乙酸甲酯	4.2	8.8	3.1	16.0	−10	454
乙酸乙酯	4.2	8.7	2.2	11.5	−4	426.7

（续）

名称	爆炸危险度 $H^{①}$	最大爆炸压力/$\times 10^5$Pa	爆炸极限（体积%）		闪点/℃	自燃点/℃
			下限 x_1	上限 x_2		
乙酸异丙酯	3.3	—	1.8	7.8	2	460
乙酸丁酯	5.1	7.7	1.2	7.6	22	421
乙酸叔丁酯	4.6	—	1.3	7.3	16.6~22.2	421
丙酸甲酯	4.2	—	2.5	13.0	−2	468
异丁烯酸甲酯	5.0	7.7	2.1	12.5	10	421~435
硝酸乙酯	1.5	>10.5	4	10	10	85
二甲醚	6.9	—	3.4	27.0	−41	350
甲乙醚	4.1	8.5	2.0	10.1	−37	190
乙醚	27.8	9.2	1.7	49.0	−45	160~180
二乙烯醚	14.9	—	1.7	27.0	−30	360
二异丙醚	14.7	8.5	1.4	22	−28	443
二正丁基醚	4.1	—	1.5	7.6	25	194.4
丙酮	4.9	8.9	2.2	13.0	−18	465
2-丁酮	5.4	8.5	1.8	11.5	−9	404
环己酮	7.5	—	1.1	9.4	44	420
氢氰酸	6.1	9.4	5.6	40.0	−17.8	538
乙腈	4.3	—	3.0	16.0	12.8	524
丙腈	3.5	—	3.1	14.0	2	512
丙烯腈	4.7	—	3.0	17.0	−1	481
氨气	0.9	6.0	15.0	28.0	−54	651
甲胺	3.1	—	5.0	20.7	气态	475
二甲胺	4.1	—	2.8	14.4	−20	400
三甲胺	4.8	—	2.0	11.6	气态	190
乙胺	3.0	—	3.5	14.0	−17	385
乙二胺	4.6	—	2.7	16.6	−33.9	385
丙胺	4.2	—	2.0	10.4	−37	317.8
乙酸	3	54	4.0	16	39	426
樟脑	4.8	—	0.6	3.5	65.6	466

① $H = \dfrac{L_{上} - L_{下}}{L_{下}}$。

② 氢在氯气中的爆炸极限为 5.5%～89.0%。

附录 D　粉尘爆炸危险性参数

物品名称	爆炸下限浓度/（g/m³）	最小点燃能量/mJ	物品名称	爆炸下限浓度/（g/m³）	最小点燃能量/mJ
麻	40	30	肥皂	45	60
己二酸	35	60	紫胶	20	10
乙酰纤维素	35	15	纤维素	45	35
铝	25	10	玉米	45	40
硫黄	35	15	玉米糊精	40	40
镁	20	40	玉米淀粉	40	20
乙基纤维素	25	10	甘油三硬脂酸铝	15	15
环氧树脂	20	15	尼龙	30	20
树木（枞树）	35	20	肉桂皮	60	30
可可树	75	10	仲甲醛	40	20
橡胶（合成硬质）	30	30	苯酚甲醛	25	15
橡胶（天然硬质）	25	50	季戊四醇	30	10
小麦粉	50	50	聚丙烯酰胺	40	30
小麦淀粉	25	20	聚丙烯腈	25	20
大米（种皮）	45	40	聚氨基甲酸乙酯泡沫	25	15
软木粉	35	35	聚乙烯	20	10
糖	35	30	聚氧化乙烯	30	30
对酞酸二甲酯	30	20	聚苯乙烯	15	15
马铃薯淀粉	45	20	聚丙烯	20	25
煤	35	30	邻苯二甲酸酐	15	15
棉花	50	25	木质素	40	20

参 考 文 献

[1] 李采芹. 中国历朝火灾考略[M]. 上海：上海科学技术出版社，2010.

[2] 公安部消防局. 中国消防年鉴 2010[M]. 北京：中国人事出版社，2010.

[3] 胡源，宋磊，尤飞，等. 火灾化学导论[M]. 北京：化学工业出版社，2007.

[4] 徐晓楠，周政懋. 防火涂料[M]. 北京：化学工业出版社，2004.

[5] 霍然，胡源，李元洲. 建筑火灾安全工程导论[M]. 合肥：中国科学技术大学出版社，2009.

[6] 杨玲，孔庆红. 火灾安全科学与消防[M]. 北京：化学工业出版社，2010.

[7] 李炎锋，李俊梅. 建筑火灾安全技术[M]. 北京：中国建筑工业出版社，2009.

[8] 刘永基，王作福，单大国. 消防燃烧原理[M]. 沈阳：辽宁人民出版社，1992.

[9] 杜文锋，伍作鹏. 消防燃烧学[M]. 北京：中国人民公安大学出版社，2006.

[10] Stephen R. Turns. 燃烧学导论：概念与应用[M]. 姚强，李水清，王宇，译. 北京：清华大学出版社，2009.

[11] 张英华，黄志安. 燃烧与爆炸学[M]. 北京：冶金工业出版社，2010.

[12] 赵雪娥，孟亦飞，刘秀玉. 燃烧与爆炸理论[M]. 北京：化学工业出版社，2011.

[13] 公安部消防局. 中国消防手册：第七卷[M]. 上海：上海科学技术出版社，2006.

[14] 董希琳，消防燃烧学. 北京. 中国人民公安大学出版社，2014.